Petits Pratiques Animaux

Perruches calopsittes

Hildegard Niemann

Photos : Oliver Giel

hachette
PRATIQUE

Sommaire

Une personnalité originale

D'un tempérament pacifique et sociable, curieuse, rapide comme l'éclair en vol, la perruche calopsitte a conquis par son charme le cœur de nombreux amateurs de perroquets. Cela explique que ce petit psittaciforme occupe la deuxième place au hit-parade des oiseaux de cage et de volière derrière la perruche ondulée.

À la découverte de la perruche calopsitte

Cette perruche, également appelée « calopsitte élégante », est l'un des oiseaux de cage les plus appréciés. Elle ne le doit pas seulement à son élégance. Son élevage n'a rien de compliqué et son caractère équilibré en fait un animal de compagnie idéal pour les petits et les grands.

Un air effronté

La huppe spectaculaire de la perruche calopsitte lui donne un air effronté. Les plumes de cette huppe sont le baromètre de son humeur. Elles aident également cet oiseau très intelligent à communiquer avec ses amis à plumes. Autre moyen de se faire comprendre : la voix. La perruche calopsitte émet des vocalises variées. On sait aujourd'hui qu'il existe plusieurs cris d'alarme dont la gradation est exprimée par l'intensité du son. Les parents les enseignent à leurs petits, mais, à la manière des différents dialectes d'un pays, ces cris peuvent différer d'une population à l'autre. Les mâles sont particulièrement zélés. Ils apprennent très vite les mélodies que leur maître produit et les introduisent dans leur propre répertoire.
La calopsitte a les yeux sur les côtés, ce qui lui donne un champ de vision extraordinaire ; elle peut ainsi garder un œil sur tout se qui se passe autour d'elle. Elle est en outre capable d'enregistrer et de traiter les messages visuels beaucoup plus vite que nous, humains. Cette faculté est par ailleurs indispensable quand elle vole à grande vitesse, une aptitude dont témoignent sa silhouette aérodynamique, sa longue queue et ses ailes pointues.
Son sens de l'orientation est aussi très développé – une nécessité quand on vit dans ce milieu aride, qu'est l'Outback australien.

Perruche ou cacatoès ?

Le nom scientifique de la perruche calopsitte, *Nymphicus hollandicus*, fait référence aux nymphes de la mythologie grecque : *Nymphikos* signifie « qui ressemble à une jeune fille » ; *hollandicus* fait référence à l'ancien nom de l'Australie (Nouvelle-Hollande).
Les perruches calopsittes appartiennent à l'ordre des psittaciformes, communément appelés « perroquets », qui comprend trois familles (tous les auteurs ne sont pas d'accord sur ce point) : cacatuidés (cacatoès), loriidés (loris et loriquets) et psittacidés (perroquets et perruches). Leur silhouette mince et leur longue queue rappellent certes les perruches, mais d'un point de vue biologique elles appartiennent à la famille des cacatoès. Cette découverte scientifique remonte à une quinzaine d'années. À l'époque, les biologistes ont commencé à déterminer le degré de parenté des perroquets en analysant leur patrimoine génétique. Jusque-là, seuls les caractéristiques morphologiques et le comportement étaient pris en compte pour la classification systématique des espèces. La perruche calopsitte a plusieurs points communs avec ses grands cousins de la famille des cacatoès : huppe érectile, pulviplumes (appelées aussi « duvet poudreux ») produisant la poudre de plumes, très importante pour le lissage, et divers comportements, notamment le fait que le mâle participe à la couvaison.

Sur le continent le plus aride du monde, l'eau est un bien précieux. Les perruches calopsittes ne sont donc jamais très loin des points d'eau.

L'habitat de la perruche calopsitte

Dans leur pays d'origine, les perruches calopsittes sont réparties sur presque tout le continent. Les autochtones les appellent « Quarrian » ou « Weero ». Leur triomphe en Europe remonte aux années 1840. En 1846, le Jardin des Plantes de Paris pouvait s'enorgueillir de posséder les premiers spécimens nés en Europe. En Allemagne, les premières perruches calopsittes naissent en 1850. Dans la nature, la vie de ces petits oiseaux australiens est rythmée par la recherche de nourriture et la vie en communauté. On les voit souvent en petits groupes comptant jusqu'à 25 individus, mais elles peuvent aussi former des groupes plus petits, voire mener une vie solitaire. Les grands rassemblements s'observent toujours aux endroits où l'offre de nourriture est abondante. L'eau leur étant absolument indispensable, on trouve toujours un cours d'eau, une petite mare ou un point d'eau artificiel à proximité des endroits où elles nichent. Les perruches calopsittes sont très sociables et pacifiques. Elles profitent volontiers des

Deux yeux ne suffisent pas à faire le guet ! C'est la raison pour laquelle les perruches calopsittes se sentent plus en sécurité en groupe, au sein duquel, elles peuvent se détendre. Au petit matin, le groupe s'installe au faîte des arbres, sur les branches dénudées, pour se réchauffer au soleil après une nuit froide.

avantages que procure la vie en communauté. C'est un moyen pour elles de se protéger des rapaces : elles préviennent en effet leurs compagnes en poussant des cris d'alarme. Le volume et l'intensité de ces cris leur permettent de juger de la gravité du danger et de décider, le cas échéant, de fuir. Ce comportement existe toujours chez les perruches calopsittes vivant en captivité. Elles sont en effet capables de prévenir leur maître lorsqu'un ennemi potentiel – corneille

Le **saviez-vous ?**

Les cousins les plus proches de la perruche calopsitte sont les grands cacatoès du genre *Calyptorhynchus*. Vient ensuite le cacatoès rosalbin. En 2007, en Australie, un cacatoès rosalbin et une perruche calopsitte vivant en captivité ont réussi à élever un petit qu'ils avaient eu ensemble.

ou buse par exemple – approche. C'est aussi un moyen de nous montrer qu'elles nous acceptent comme membre de leur groupe, ce qui est un immense compliment !

Vingt-quatre heures de la vie d'une perruche calopsitte. Avant même que le soleil se lève, les perruches calopsittes saluent le jour par des chants et des sifflements. Elles se rassemblent en groupes pouvant compter jusqu'à 15 individus tout en haut des arbres, où elles se reposent et se chauffent au soleil. Après cela, elles peuvent passer une heure à chercher de la nourriture, avant de rejoindre à nouveau la cime des arbres pour y digérer en paix. Ce n'est qu'en fin d'après-midi que le groupe se disperse pour repartir chercher de quoi manger. Cette deuxième phase de recherche de nourriture commence généralement une heure ou une heure et demie avant le coucher du soleil et dure en moyenne 85 minutes. La pause déjeuner se déroule différemment selon la température : l'hiver, quand il fait un peu plus frais, elles jouent, se lissent mutuellement les plumes et somnolent ; l'été, l'entretien du plumage a souvent lieu le matin et le soir, lorsqu'il fait plus frais. Durant les fortes chaleurs, elles cherchent l'ombre et se reposent jusqu'à ce que la température devienne supportable.

En règle générale, les calopsittes cherchent et trouvent leur nourriture au sol. Les teintes douces de leur plumage gris constituent alors un bon camouflage. Leur prédilection pour les champs de céréales leur a valu d'être considérées comme nuisibles dans certaines régions d'Australie et chassées. Mais elles ne sont pas timides. En cas de danger, elles prennent leur envol et se reposent presque aussitôt sur un arbre voisin. Une fois l'alerte passée, elles reviennent à l'endroit d'où le danger les avait écartées.

MÂLE. La forme sauvage possède un masque jaune avec une tache rouge orangé sur les joues. Le dessous de la queue et des ailes est gris foncé.

FEMELLE. La forme sauvage a le plumage plus terne et plus jaunâtre, avec une tache sur la joue plus claire, des rayures jaunes sous la queue et des mouchetures jaunes sous les ailes.

JUVÉNILE. Jusqu'à la première mue (vers 4-6 mois), les juvéniles sont de la même couleur que les femelles, mais en un peu plus sombre. Les pulviplumes poussent après cette première mue.

La semence d'herbe et les céréales ainsi que les graines des arbres et buissons constituent la base de leur alimentation. Bizarrement, malgré son activité intense, une perruche calopsitte peut survivre dans la nature avec moins de 15 g de nourriture par jour. Elle en consomme environ un tiers le matin et deux tiers l'après-midi.

Championne de l'adaptation

L'intelligence et la faculté d'adaptation de la perruche calopsitte en font un animal de compagnie idéal. Elle exige peu de soins, ce qui laisse suffisamment de temps pour jouer et profiter d'elle. Elle peut apporter beaucoup, en particulier aux enfants et aux personnes âgées. Un enfant qui a de bons rapports avec les animaux de compagnie est moins agressif, plus tolérant et plus responsable. Les parents doivent évidemment prendre le relais pour assurer correctement les soins.

Quant aux seniors, le caractère paisible de ce petit cacatoès leur convient parfaitement. La perruche calopsitte peut faire des câlins des heures durant et adore communiquer avec son maître. Grâce à elle, une personne âgée peut prendre activement part à ce qui se passe autour d'elle et sombre moins facilement dans la dépression. La perruche calopsitte est un animal sociable qui apprécie évidemment avant tout la présence de congénères. L'observation de sa vie sociale et ses superbes acrobaties aériennes fournissent un bon sujet de conversation et représentent un moment de détente après une journée de travail.

Si vos perruches ont confiance en vous, elles vous suivront partout dans la maison. Car c'est au sein de leur famille « humains-oiseaux » qu'elles se sentent le mieux.

Reconnaître le sexe d'une perruche calopsitte

LES CONSEILS DE L'EXPERT
Hildegard Niemann

Le sexe est facile à reconnaître lorsqu'on a affaire à la forme sauvage de la perruche calopsitte adulte, grâce aux différentes couleurs du plumage. Le terme scientifique désignant ce phénomène est « dimorphisme sexuel ».

MÂLE. La face et la gorge sont jaunes, les joues sont ornées d'une tache rouge orangé. La huppe est jaune à la base, puis grise. Le dessous de la queue est gris foncé.

FEMELLE. La face et la gorge sont gris jaunâtre et la tache sur les joues plus terne. La huppe est grise avec un soupçon de jaune, tout comme le plumage du corps.

MUTATIONS. Les nombreuses mutations actuelles (couleurs obtenues par les éleveurs) ne permettent plus de distinguer avec certitude un mâle d'une femelle ; en cas de doute, seules une endoscopie ou l'analyse ADN d'un échantillon de sang ou de plume permet d'apporter une réponse.

Anatomie et sens

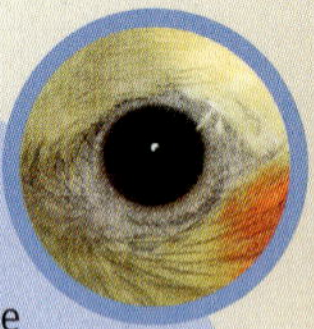

Yeux

L'œil de la perruche calopsitte peut enregistrer plus de 120 images par seconde. C'est important dans la mesure où le vol à grande vitesse exige un traitement rapide des images par le cerveau. Outre le spectre normal, elle distingue aussi l'ultraviolet. Sa perception du monde est donc plus rapide et plus colorée que la nôtre. Dans la mesure où les yeux sont situés sur les côtés, sa vision est quasiment panoramique.

Face

Dans la forme sauvage, la couleur de la face donne une indication sur le sexe. Les taches rouges des joues du mâle sont un moyen de dire à la femelle : « Regarde comme je suis beau ! » Les « faces blanches » n'ont pas de tache sur la joue.

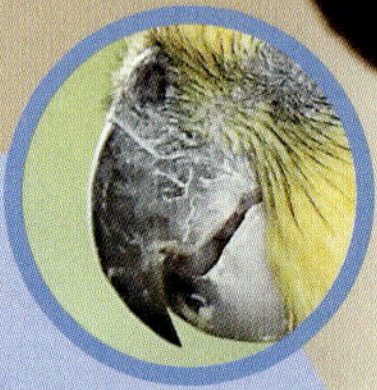

Bec

C'est l'outil le plus important de la perruche. Il lui sert à ouvrir les aliments, à creuser son nichoir, à entretenir son plumage et à émettre un signal lorsqu'elle défend son territoire. La perruche doit en permanence entretenir cet appendice vivant en l'usant.

Huppe

La huppe traduit les sentiments de la perruche calopsitte. Suivant que sa huppe est dressée ou couchée, on sait si elle a peur, si elle contente ou si elle est concentrée sur un travail. La couleur de la huppe varie suivant les mutations, mais son rôle reste toujours le même.

Plumes

Elles ont différentes fonctions. Les plumules du duvet servent d'isolant thermique. La poudre de plume libérée par les pulviplumes sert à entretenir et à imperméabiliser le plumage. Les longues rectrices (plumes de la queue) permettent les brusques changements de direction, et les longues rémiges (ailes) permettent à l'oiseau de prendre de la vitesse.

Pieds

Un pied sain est constitué de deux orteils à l'avant du pied et de deux à l'arrière. Les branches naturelles sont indispensables à l'entretien de la plante, sensible, et des griffes, dont la croissance est continue.

La perruche calopsitte est-elle faite pour moi ?

La perruche calopsitte peut, certes, compte tenu de sa grande capacité d'adaptation, se satisfaire de la plupart des situations, mais ses besoins essentiels doivent tout de même être satisfaits. Assurez-vous que cet oiseau est bien fait pour vous en vous aidant des informations ci-dessous et de la check-list figurant page ci-contre.

› Les perruches calopsittes ont besoin d'attention et de contacts sociaux quotidiens. Le groupe leur donne un sentiment de sécurité. Par conséquent, prévoyez d'en acquérir au moins deux.

› En général, les mâles ont plus de caractère ; ils chantent et sifflent davantage que les femelles. Ces dernières apprécient les longues caresses et sont un peu plus calmes et tranquilles que les mâles. Si vous voulez plus de mouvement et des jeux plus turbulents, choisissez des mâles. Si vous prenez un couple, vous profiterez des deux tempéraments. C'est l'option la plus intéressante.

› Sa promenade aérienne terminée, si elle veut se reposer, la calopsitte se retire dans un endroit protégé, le plus souvent l'épaule de son maître. Cela signifie que vous devrez vous habituer à vous déplacer fréquemment avec elle.

Une amie pour les enfants

En général, les jeunes perruches calopsittes qui n'ont pas encore effectué leur première mue conviennent mieux aux enfants. Dans la mesure où elles peuvent vivre 25 ans, l'amitié qui les liera pourra durer de l'enfance à l'âge adulte. Leur petit ami à plumes sera aux côtés de leur petit maître dans tous les moments difficiles : devoir de maths raté, puberté et émois du premier grand amour. Lorsque l'on prend un oiseau plus âgé, on ne connaît généralement pas son histoire. Si elle a été douloureuse, la charge sera trop lourde pour un enfant. Dans la mesure où le langage corporel de la calopsitte est très expressif et que les enfants le comprennent, ces derniers peuvent en élever une dès l'âge de 8 ans, bien évidemment sous la surveillance de ses parents.

Un enfant qui possède un animal de compagnie est plus équilibré et plus détendu. À l'heure des devoirs ou en cas de chagrin, il n'est jamais seul.

La calopsitte et les autres animaux domestiques

Même si vous avez déjà d'autres animaux domestiques, rien ne vous empêche d'accueillir des perruches calopsittes.

› La calopsitte s'entend bien avec les perruches (perruche ondulée ou diamant mandarin par exemple). Dans leur habitat naturel, elles fréquentent aussi quelques gros perroquets, comme le cacatoès rosalbin.

› Les rongeurs comme les cochons d'Inde, les rats ou les souris, mais aussi les lapins, peuvent les effrayer. Si vous avez des rats et des souris, faites attention qu'ils ne mordent pas vos perruches. Nourrissez séparément vos rongeurs et vos oiseaux car les bactéries de leur salive peuvent transmettre des maladies graves aux perruches calopsittes.

› Les chiens, les furets et les chats sont des prédateurs. Une perruche qui passe à côté d'eux suffit à déclencher leur instinct chasseur et cela peut conduire à des morsures graves. Votre chien doit obéir quand vous lui ordonnez de laisser les oiseaux tranquilles. La cage doit aussi être installée de manière à ce qu'il ne puisse pas se dresser contre elle en aboyant. Par principe, tenez les chats à distance de la cage car ils risquent de passer leurs pattes entre les barreaux et de griffer vos oiseaux. En cas de griffure, emmenez immédiatement votre oiseau chez le vétérinaire car il risque une septicémie.

› La calopsitte a peur des serpents et des lézards, qui sont ses prédateurs naturels. Verrouillez bien votre terrarium et placez-le hors de la vue de vos oiseaux.

Attention. Le vol libre en présence d'autres animaux domestiques exige, bien entendu, une surveillance de tous les instants.

Coût et contraintes

ACHAT	En plus du prix de l'oiseau, comptez environ 300 euros pour la cage, les perchoirs et un premier jouet.
FRAIS FIXES	N'oubliez pas les frais fixes que représentent une nourriture de bonne qualité et le renouvellement des jouets.
TEMPS	Les soins quotidiens (nettoyer, nourrir, vérifier les jouets) prennent une heure environ.
DISPONIBILITÉ	Tous les jours, la perruche calopsitte a besoin de jeux et de câlins pour se sentir bien. Prévoyez en plus deux fois 5 minutes environ pour l'éducation.
VÉTÉRINAIRE	Les check-up annuels sont indispensables, et ils coûtent cher. Mettez de côté une somme fixe pour les frais de santé (médicaments et vétérinaire).
VACANCES	Prévoyez quelqu'un pour s'occuper de vos perruches quand vous partez en vacances ou en week-end.

Galerie de portraits

La perruche calopsitte fait partie des rares psittaciformes dont le plumage ne comporte ni bleu ni vert. L'information génétique nécessaire à l'apparition de ces couleurs s'est perdue au fil de son histoire. Son plumage est aujourd'hui essentiellement gris, jaune et blanc.

La forme sauvage

La psittacine, pigment donnant le jaune et le rouge, se retrouve en général dans toutes les parties du corps chez le mâle ou la femelle. Chez le mâle, elle est particulièrement mise en évidence avec la tache rouge orangé qu'il a sur les joues. La partie grise du plumage est produite par la mélanine (pigment noir) qui, associée au blanc, donne une impression de douceur et de fluidité.

Les mutations

L'élevage sélectif a permis de faire apparaître de nombreuses couleurs, appelées « mutations ». Elles sont le fruit d'une modification des proportions de psittacine, de mélanine et de blanc. Les premières mutations sont apparues dans les années 1950 et 1960. Depuis, d'autres mutations ont été produites dans le monde entier. Mais du fait des différences que l'on observe d'une région à l'autre, on distingue aujourd'hui les mutations européennes, nord-américaines et australiennes. Les plus connues et les plus appréciées sont les lutinos, les panachées et les opalines. D'autres mutations très élégantes – fallow cendrée, face blanche et edged – existent.
La hauteur de la huppe et la taille de la perruche calopsitte ont évolué au fil des sélections. La forme sauvage mesure de 30 à 33 cm de long et pèse de 80 à 100 g environ. Les formes d'élevage standard peuvent en revanche atteindre de 35 à 38 cm de long et peser jusqu'à 120 g.
Les différentes mutations n'ont aucune incidence sur le comportement de la perruche calopsitte. L'amateur peut par conséquent choisir la couleur qui lui plaît le plus.

La femelle face blanche opaline fait partie des calopsittes les plus belles et les plus recherchées. Elle n'a pas de tache sur la joue.

OPALINE. Cette forme d'élevage est l'une des plus appréciées dans le monde entier. Elle est apparue en 1967 en Allemagne. Les opalines ont souvent les pieds très clairs.

FORME SAUVAGE. Le mâle a le plumage gris orné d'une bande blanche sur les ailes, avec un masque jaune. Chez la femelle, le masque est jaune-gris et la tache sur la joue plus terne. Le bec et la base du bec sont gris foncé.

LUTINO OPALINE. La mutation lutino a conduit à la disparition totale de la mélanine. Le jaune apparaît sur tout le corps, ce qui rend le sexage difficile. Les juvéniles ont les yeux rouges ; ils foncent par la suite.

OPALINE PANACHÉE. Moins la perruche calopsitte est perlée (c'est la particularité des opalines), plus la variante panachée de cette forme d'élevage est réussie. Elle est très recherchée par les amateurs et éleveurs car elle donne à la perruche un air déluré.

La cage

La « maison » de vos perruches calopsittes est à la fois une salle de jeux, une chambre à coucher et une salle à manger. C'est l'endroit où vos petits voltigeurs peuvent se retirer pour se détendre et jouer tranquillement.

Une cage adaptée

Emplacement. Il est très important. Installez, si possible, la cage dans un coin, de manière à éviter que quelqu'un s'approche par derrière.

La perruche calopsitte craint ses prédateurs, évitez donc de mettre la cage juste devant une fenêtre. En revanche, elle aime bien regarder dehors, mais de loin. Ne l'installez pas non plus près d'une porte car le fait de ne pas pouvoir anticiper l'entrée de quelqu'un dans la pièce l'effraie un peu à chaque fois que cela se produit.

Taille de la cage. Elle doit impérativement être suffisamment longue et large pour que vos perruches calopsittes puissent s'y déplacer sans problème. Pour deux oiseaux qui ont par ailleurs la possibilité de voler régulièrement et assez longtemps en liberté, elle doit mesurer au moins 80 × 50 × 85 cm (L × l × H). Si vous en élevez plus, augmentez le volume de la cage en conséquence. Pour un petit groupe, il est conseillé d'acheter une volière d'intérieur. Vous en trouverez dans les animaleries.

Une grande volière ne dispense évidemment pas les perruches de leur promenade en liberté quotidienne ni du contact avec leur maître.

Porte de la cage. Elle doit être assez grande pour que vous puissiez sortir une perruche posée sur votre doigt sans que les longues plumes de la queue touchent le grillage.

Grillage. Le revêtement ne doit pas aveugler les perruches lorsqu'elles sont dans la cage. Les barreaux réfléchissants et brillants sont extrêmement désagréables pour elles car leurs yeux sont sensibles. Beaucoup d'oiseaux

Une maison parfaite : la grande porte permet d'entrer et sortir sans aucun problème !

Les perchoirs doivent être amusants. La verdure fait vite oublier l'appréhension du contact et la peur de l'inconnu.

Même les plus pacifiques se disputent pour le meilleur perchoir, comme cette branche naturelle, accessoire indispensable en captivité.

ne sont pas à l'aise dans ce type de cage. L'écart entre les barreaux doit être de 1,5 cm maximum, pour qu'ils ne puissent pas passer leur petite tête entre deux d'entre eux et se blesser.

Grillage du fond. Aujourd'hui, beaucoup de cages comportent un fond grillagé. Il évite que les oiseaux marchent dans leurs propres fientes et les emportent là où ils vont chercher leur nourriture. Nettoyez le grillage coulissant une fois par jour avec un chiffon humide et mettez dans le bac du fond de cage une couche de papier journal que vous changerez également tous les jours. Ainsi, la cage reste toujours propre. Pour donner à vos perruches calopsittes la possibilité de chercher leur nourriture au sol comme elles le font dans la nature, installez-leur une petite cuvette plate remplie de sable pour oiseaux (voir photo p. 19, haut).

Cage-dortoir. Si la cage est installée dans une pièce où les oiseaux ne peuvent pas être au calme le soir, mettez-les pour la nuit dans une cage-dortoir placée dans une pièce plus tranquille (voir p. 27). Prévoyez de l'eau et un peu de nourriture pour la nuit, ainsi qu'un perchoir par oiseau.

Aménagement de la cage

Perchoirs. La cage doit disposer de plusieurs perchoirs – au moins deux – à différents niveaux, mais pas les uns au-dessus des autres. Ils doivent être suffisamment hauts pour que la queue des perruches ne touche pas le sol. Pour que les pieds de ces dernières soient bien entretenus, différents types de perchoirs sont indispensables. Installez-leur des branches naturelles très épaisses mais aussi des branches très fines, plus sûres pour leur sommeil nocturne. En effet, dans leur habitat d'origine, les branches fines bougent plus facilement lorsqu'un prédateur s'approche, ce qui permet de les alerter. Par conséquent, les branches fines fixées dans le tiers supérieur de la cage sont pour les perruches synonymes de sécurité pendant leur sommeil. Les perchoirs souvent intégrés dans l'équipement d'origine de la cage ne constituent qu'une solution provisoire, en attendant que vous en achetiez d'autres, plus adaptés. Évitez les perchoirs fixes reliant deux parois de la cage car ils sont ennuyeux.

Cordes armées. Elles se tordent dans n'importe quel sens. Accrochez-les au plafond et donnez-leur toutes sortes de formes, de manière à imiter les branches que la perruche trouve dans son habitat naturel. Dans le même temps, vous obligez vos oiseaux à grimper et à travailler leur équilibre.

Conseil. Évitez d'installer les perchoirs au-dessus des mangeoires et des abreuvoirs pour que ces derniers ne soient pas souillés par les fientes que les oiseaux laissent tomber.

Mangeoires et abreuvoirs. Ils doivent être en métal ou en céramique. Le plastique finit par se fendiller à force d'être lavé et des agents pathogènes peuvent alors se loger dans les fissures. Quand vous achetez la cage, prévoyez un deuxième jeu de mangeoires. Le jour où vous serez pressé, vous pourrez changer rapidement l'eau et la nourriture sans avoir à nettoyer les récipients avant. Éloignez l'eau de la nourriture pour qu'elle ne soit pas souillée.

Les activités à l'intérieur de la cage

Comme tous les cacatoès, la perruche calopsitte est curieuse et joueuse. L'aménagement de la cage doit donc tenir compte de tous ses besoins. On trouve aujourd'hui dans les animaleries toute une gamme de jouets pour perruches calopsittes (voir p. 48). En principe, elles doivent en avoir au moins trois à leur disposition dans la cage. Placez-les de manière à ce qu'elles puissent jouer en s'installant à côté. Certains jouets se montent directement sur les barreaux de la cage à la hauteur d'un perchoir. Les cages équipées d'une petite annexe escamotable pouvant servir de salle de jeux sont très pratiques.

L'entretien de la cage

L'intérieur et l'extérieur de la cage doivent être soigneusement nettoyés une fois par semaine. La poussière dégagée par les pulviplumes est mauvaise pour les voies respiratoires des perroquets. Dans leur milieu d'origine, elle disparaît dans la nature. En revanche, lorsqu'ils vivent en captivité, il est indispensable de respecter une hygiène stricte.

› Videz la cage et nettoyez-la à l'eau chaude (intérieur et extérieur). Pour vous faciliter le travail et perdre moins de temps, vous pouvez utiliser un nettoyeur à vapeur.

› Nettoyez les perchoirs mais attendez qu'ils soient secs pour les remettre dans la cage.

› Nettoyez soigneusement les jouets, vérifiez régulièrement leur état. Le nettoyage de la cage est une bonne occasion pour installer de nouveaux perchoirs ou jouets que vos perruches seront ravies de découvrir.

Attention **aux métaux lourds**

Les perroquets sont très sensibles aux métaux lourds (plomb ou zinc par exemple), qu'ils respirent ou ingèrent.

CAGES ABÎMÉES. Les perruches peuvent lécher les endroits où le revêtement a disparu, avec pour conséquence des atteintes neurologiques graves ou l'apparition d'un trouble appelé « picage ».

JOUETS. Ceux qui ne sont pas adaptés aux perruches peuvent contenir des métaux lourds.

SABLE POUR OISEAUX. Vos perruches calopsittes doivent avoir l'occasion de chercher leur nourriture au sol comme dans la nature. Pour les occuper, installez-leur un petit récipient plat plein de sable pour oiseaux, auquel vous mélangerez quelques graines. Choisissez un endroit où le sable ne risque pas d'être souillé par leurs fientes. Vérifiez tous les jours qu'il reste propre. Changez-le une fois par semaine car l'humidité favorise le développement de bactéries.

OS DE SEICHE ET BLOC DE CALCIUM. L'os de seiche est une excellente source naturelle de minéraux. Mais avant de le donner à vos oiseaux, faites-le bien bouillir pour éliminer les bactéries qui pourraient s'être nichées dans ses pores et faites-le bien sécher. Le bloc de calcium n'est pas naturel mais il représente une bonne alternative. Néanmoins, tous les oiseaux ne l'apprécient pas. L'os de seiche ou le bloc de calcium doivent toujours être secs. Changez-les une fois par an.

MANGEOIRE. Après sa promenade du matin, la perruche calopsitte prend tranquillement son petit-déjeuner, avant de s'accorder une longue pause pour digérer. Pour plus de stabilité, choisissez des mangeoires plates en céramique.

En pleine forme

La perruche calopsitte n'est pas exigeante. Elle prend en effet elle-même en charge une bonne partie de l'entretien de son plumage. Il vous appartient de lui offrir une alimentation saine, mais aussi de veiller à son bien-être et de la stimuler « intellectuellement ».

Soyez vigilant lors de l'achat

La perruche calopsitte est tellement vive et active qu'il est difficile de ne pas éprouver de la sympathie pour tel ou tel individu. Mais ne vous laissez pas guider dans votre achat uniquement par vos sentiments. Pour pouvoir vraiment juger une perruche calopsitte, vous devez bien entendu vérifier son état de santé (voir p. 23) mais aussi tenir compte d'un certain nombre de contraintes.

Baguage obligatoire. Une perruche calopsitte, quel que soit l'endroit où vous l'achetez, doit porter une bague fermée.

La meilleure période pour l'achat. Tenez compte de la période d'activité de l'oiseau (voir p. 8, « Vingt-quatre heures de la vie d'une perruche calopsitte »).

› L'été, c'est tôt le matin que la perruche calopsitte est la plus active. Ce moment correspond à celui où, dans la nature, elle part à la recherche de nourriture. Après le repas, elle est souvent somnolente. Par conséquent, demandez au vendeur si vous pouvez venir avant ou pendant le nourrissage, et observez bien les oiseaux.

› L'hiver, le meilleur moment pour observer les oiseaux dans une volière, c'est la fin de l'après-midi.

Les points à prendre en considération. Tenez compte de la taille des individus. Jusqu'au douzième mois, les petits cacatoès sont encore en pleine croissance. Par conséquent, les oiseaux que vous verrez évoluer dans la volière peuvent très bien avoir déjà effectué leur mue juvénile mais être encore immatures.

› Pendant la mue juvénile, entre le quatrième et le sixième mois, les juvéniles ont l'air tout ébouriffés. Il est alors difficile de juger de leur état de santé, surtout qu'ils sont déjà très stressés par cette première mue. Un changement de cadre serait difficile à supporter pour eux. Si l'une des jeunes perruches vous plaît vraiment, réservez-la et rendez-lui visite le plus souvent possible. Une fois la mue terminée, vous pourrez l'emmener chez vous.

› Si c'est la première calopsitte que vous achetez, choisissez un juvénile qui n'a pas encore effectué sa première mue. Il n'a pas encore fait de mauvaises expériences. Quant aux oiseaux de « seconde main », qui ont déjà vécu dans un premier foyer, ils ont besoin de soins très attentifs dans leur nouvelle maison ; ils doivent en effet oublier les mauvais moments passés, et cette tâche peut être lourde pour un néophyte.

› Il est en principe déconseillé d'acheter des oisillons qui ne sont pas encore sevrés. L'élevage à la main d'une perruche calopsitte est affaire de professionnels dans la mesure où les erreurs commises durant le nourrissage peuvent entraîner de graves problèmes de santé. Le lien créé avec un oiseau n'est pas plus étroit lorsqu'il arrive à la maison non sevré. Il n'y a donc aucun intérêt à faire ce choix.

Où acheter ? La provenance d'une perruche calopsitte joue un rôle important dans les relations qu'elle va nouer avec vous.

› Les calopsittes proposées dans les animaleries proviennent le plus souvent de chez un éleveur. Elles ont essentiellement vécu en volière d'intérieur, n'ont manqué de rien et ont été en permanence en contact avec des congénères. Pour elles, l'homme, c'est celui qui les nourrit.

› Les perruches calopsittes achetées directement chez un éleveur ont souvent vécu exclusivement dans une volière d'extérieur. Elles ont donc acquis des défenses immunitaires. Leur curiosité est intacte, elles sont en pleine forme, et elles ont passé beaucoup de temps à voler en liberté.

› Les perruches calopsittes que l'on trouve dans les refuges ont souvent été négligées par leur ancien maître. Elles ont besoin d'une prise en charge particulière. Elles ne peuvent s'épanouir qu'auprès d'un maître qui a l'habitude de s'occuper de ce genre d'oiseaux.

› On peut maintenant se procurer des perruches calopsittes en passant par les petites annonces. Renseignez-vous bien sur leur histoire et assurez-vous qu'elles vivent dans de bonnes conditions. Si vous vous rendez compte que leur eau n'est pas

Les juvéniles s'acclimatent très vite à un nouvel environnement. Ils n'ont pas encore vécu de mauvaises expériences ; ils sont curieux et enjoués.

fraîche ou que leur nourriture est moisie ou souillée par des pyrales de la farine, commencez par emmener votre oiseau chez un vétérinaire spécialisé avant de le ramener chez vous.

Combien de perruches calopsittes faut-il acheter ?

La vie en communauté rassure et sécurise les perruches. Leur comportement social est basé sur le fait qu'elles guettent ensemble les dangers, différents cris d'alarme permettant à chacune d'en évaluer l'intensité.

› Une perruche calopsitte isolée est obligée de monter la garde seule toute la journée. Elle risque d'être plus nerveuse qu'une perruche ayant un partenaire. La compagnie des hommes représente pour elle l'unique garantie de survie. Il n'est donc pas rare de voir une perruche calopsitte crier de peur lorsque son maître disparaît de son champ de vision.

› La meilleure option, ce sont au moins deux perruches calopsittes, car elles sont alors beaucoup plus sûres d'elles, elles peuvent se détendre et elles ont un partenaire pour jouer ou faire la course. Même une calopsitte qui a vécu longtemps seule s'habitue très bien aux autres et est ravie d'avoir un ou plusieurs amis.

Quel sexe choisir ? Il n'est pas absolument indispensable d'élever un couple. Ces oiseaux pacifiques se plaisent aussi bien dans un groupe constitué uniquement de mâles ou de femelles. Si vous avez opté pour un couple ou un groupe comprenant les deux sexes, faites-vous à l'idée qu'ils finiront par se reproduire (voir p. 42). Pour être certain de composer le groupe de votre choix, faites faire une analyse ADN à partir d'une prise de sang avant l'achat.

Les points à vérifier avant l'achat

DÉVELOPPEMENT	Le développement et le plumage de l'oiseau doivent correspondre à son âge.
PLUMAGE	Il doit être lisse, propre et sans trous, franges ou zones dénudées. Les zones dénudées sur la nuque des lutinos sont propres à cette mutation et ne sont donc pas inquiétantes.
YEUX, NEZ	Les yeux doivent être clairs et le nez propre et sec.
CLOAQUE	Il ne doit pas être collé.
POIDS	Il doit se situer entre 80 et 100 g. S'il est plus lourd, l'oiseau doit être examiné par un vétérinaire.
FIENTES URINE	Les fientes sont vertes avec des traces blanches ; l'urine est transparente.
COMPORTEMENT	L'oiseau prend appui sur ses deux pattes, s'oriente bien dans l'espace et réagit aux stimuli extérieurs. Il évolue avec assurance et entretient des contacts sociaux.

Bienvenue à la maison !

Le grand jour est arrivé : votre perruche calopsitte emménage chez vous. Pour éviter de rendre le voyage jusque chez vous trop pénible, installez-la dans une boîte de transport suffisamment grande. C'est important parce qu'elle supporterait mal que sa très longue queue soit tordue ou pliée. Ce serait vraiment un mauvais début ! Les barreaux de la boîte de transport doivent être écartés au maximum de 1,5 cm pour que la perruche ne risque pas de passer sa tête à travers. Elle doit être arrimée à l'abri du soleil pendant tout le trajet. S'il fait chaud, placez un torchon humide sur la boîte pour créer un peu de froid grâce à l'évaporation et éviter le coup de chaleur.

L'arrivée à la maison

Une cage entièrement aménagée attend déjà votre nouveau pensionnaire. Commencez par l'installer dans une petite pièce. C'est là que vous allez vous habituer l'un à l'autre ; c'est aussi là que vous la laisserez effectuer son premier vol en liberté (voir p. 56). L'avantage d'une petite pièce, c'est qu'elle

Dès l'âge de 8-10 ans, sous la surveillance de ses parents, un enfant peut commencer à nouer des liens d'amitié avec une perruche calopsitte, car cet oiseau adore la vie en famille.

évite à la perruche calopsitte de prendre trop de vitesse et de se blesser dans un environnement qu'elle ne connaît pas encore.

Les premières semaines

Durant cette période, deux personnes maximum doivent avoir accès en même temps à la cage. Si vous avez plusieurs enfants, demandez toujours à l'un d'entre eux de vous aider à vous occuper de votre perruche calopsitte. Faites-leur faire leur lecture et leurs devoirs à proximité de la cage de manière à ce qu'elle s'habitue aux voix de sa nouvelle famille et apprenne votre langage corporel. En plus de cela, vous pouvez aussi lui tendre des petites branches de saule à ronger pour l'amuser. Petit à petit, elle aura moins peur et découvrira que sa nouvelle famille lui propose des choses intéressantes. Soyez patient, et elle ne tardera pas à tendre le cou pour se faire caresser. Et au bout d'un moment, elle ne se frottera plus à la branche mais à votre doigt pour se faire caresser. Cela signifiera que la confiance commence à s'établir entre vous.

Le premier vol en liberté. Dès que votre perruche n'a plus peur, faites-la sortir de sa cage pour profiter d'une promenade en liberté dans la petite pièce où elle est installée. Observez attentivement votre petit compagnon ailé pour pouvoir réagir aussitôt en cas de maladresse. Les juvéniles savent certes voler, mais ils ne maîtrisent pas encore les manœuvres et les atterrissages. Mais avec un peu d'entraînement, ils deviendront vite des as de la voltige.

Quand vous voyez que votre perruche calopsitte a confiance en vous, installez la cage à son emplacement définitif. Suivant son caractère et son histoire, cela peut aller très vite ou prendre un peu plus de temps. Sous votre surveillance, elle aura désormais accès à toute la maison pour voler en liberté et vous suivra très rapidement partout.

L'arrivée d'une deuxième perruche

Si vous avez déjà une perruche calopsitte et que vous voulez lui apporter un peu de compagnie, vous devez d'abord isoler son futur colocataire dans la petite pièce. Les perroquets cachent leurs maladies jusqu'à ce qu'ils gisent épuisés au sol. Suite au stress provoqué par le voyage vers sa nouvelle maison, une maladie ignorée jusque-là peut très bien se déclarer.

Il existe toutes sortes de boîtes de transport. Celle-ci est assez grande pour éviter que la queue de la perruche se cogne quelque part. Les trous permettent une bonne ventilation.

Dans l'intérêt de votre première pensionnaire, il est préférable de respecter une quarantaine de quatre semaines pour vous assurer que la nouvelle venue est en bonne santé.
La petite pièce dans laquelle votre première perruche calopsitte a séjourné à son arrivée chez vous est parfaite pour cela. Procurez-vous une cage d'isolement mesurant au moins 60 × 50 × 50 cm (L × l × H). Vous pourrez l'utiliser plus tard comme cage-hôpital ou cage-dortoir (voir p.17). Procédez exactement de la manière décrite page 25 et mettez cette période de quarantaine à profit pour tisser des liens avec votre deuxième oiseau.
Important. Nourrissez toujours votre première perruche avant de vous occuper de la nouvelle venue, et lavez-vous bien les mains après avoir été en contact avec cette dernière. Donnez-lui une mangeoire rien que pour elle, afin qu'elle ne risque pas de transmettre des maladies à votre première pensionnaire.

Comment habituer deux perruches calopsittes l'une à l'autre

Le moment où deux perruches calopsittes font connaissance est un moment excitant. Une fois que la quarantaine a permis d'établir que la petite dernière est en bonne santé, mettez les deux cages côte à côte pendant une journée. La nouvelle venue va pouvoir observer un environnement qu'elle ne connaît pas encore, ce qui lui sera précieux quand vous la lâcherez hors de la cage. En général, les perruches ne tardent pas à s'appeler. Même les perruches calopsittes qui n'ont pas vu de congénère pendant des années répondent par des vocalises caractéristiques et sont très excitées à la vue de leur nouvelle compagne. Le premier vol commun doit impérativement avoir lieu sous votre surveillance. Après s'être bien observées, ces sportives de haut niveau vont pouvoir montrer ce qu'elles savent faire. Ne vous faites pas de souci, la dernière venue va vite apprendre à se repérer dans l'espace et le risque de blessure est vraiment minime – à condition évidemment que vous ayez éliminé tous les dangers potentiels (voir encadré p. 57). Vos deux perruches calopsittes vont très rapidement tout faire ensemble et s'appeler quand elles ne se verront plus. En principe, le lien créé avec vous ne sera pas pour autant rompu dans la mesure où la perruche calopsitte est un oiseau qui, dans sa région d'origine, multiplie les contacts sociaux.
Réaménagez maintenant leur futur lieu de vie commune de telle sorte que la première arrivée n'ait pas à défendre un espace qui était uniquement le sien auparavant. Au début, installez deux mangeoires, si possible éloignées l'une de l'autre, pour éviter les disputes. Les mâles doivent être socialisés avant la période de reproduction pour éviter les comportements territoriaux.
Important. Les perruches calopsittes âgées de plus de 20 ans ou handicapées ne doivent être socialisées qu'avec les conseils d'un spécialiste. Elles ont en effet des besoins particuliers. Il leur faut aussi des périodes de repos plus longues et davantage d'endroits où s'isoler.

Le programme de la journée

Le nouvel arrivant va très vite s'adapter à votre rythme quotidien. Une fois que vos oiseaux se sont bien défoulés en effectuant leur vol matinal hors de la cage, prenez votre petit-déjeuner tous ensemble. Elles vont sans doute chercher les restes de votre repas sur la table ou par terre. Ce n'est pas le moment de les perdre de vue car leur curiosité va les pousser à explorer tous les recoins de la maison. Dans la mesure où la perruche calopsitte sauvage cherche sa nourriture au sol, vos pensionnaires vont aussi raser le sol chez vous. Cette quête est généralement suivie d'une longue pause durant laquelle elles vont soigneusement lisser leurs plumes. La sieste de midi est incontournable. En fin d'après-midi, les perruches, bien reposées et toujours aussi curieuses, repartent à la recherche de nourriture ou de jeux amusants. Entre 17 et 19 heures, elles prennent leur dernier gros repas de la journée, avant de sombrer dans un sommeil de 12 heures.

Les perruches calopsittes n'apprécient pas que la pièce dans laquelle se trouve leur cage soit le théâtre d'activités tardives. Si elles manquent de sommeil parce qu'elles ont été dérangées dans leur repos nocturne, des troubles du comportement peuvent survenir (cris, picage...). Pour y remédier, installez-les dans une cage-dortoir (voir p. 17) que vous placerez dans une pièce sombre et calme. Vous pouvez utiliser pour cela l'ancienne cage d'isolement (voir p. 26) ou la cage-hôpital (voir p. 38). Si cette solution n'est pas envisageable vous pouvez aussi empêcher la lumière de pénétrer dans la cage.

Le plus petit des cacatoès se distingue par sa gentillesse et son tempérament pacifique.
Il partage tout : jeux, promenades, siestes et petits plaisirs, comme ces délicieux pissenlits.

Une nourriture appétissante et saine

Dans leur pays d'origine, les perruches calopsittes se nourrissent de graines de céréales, de baies et de semences d'herbes, d'arbres et de buissons. Des chercheurs ont établi une liste de 30 espèces végétales différentes appréciées des perruches calopsittes, mais il est probable qu'elles en consomment bien plus. Pour arriver à se rassasier, elles sont parfois obligées de parcourir de très longues distances. Dans la nature, elles volent 30 ou 40 km par jour, distance qu'elles n'atteignent jamais en captivité. Il est donc important d'adapter leur alimentation à la longueur de leurs déplacements si l'on veut éviter l'excès de poids et par conséquent les maladies.
Des études scientifiques ont révélé que les perruches calopsittes ne sont pas capables de percevoir la saveur sucrée avec leur langue, et qu'elles n'apprécient apparemment pas la saveur amère. La saveur « umami » (propre à la cuisine asiatique) est très appréciée quand elle est associée à des aliments gras. Lorsque l'on sait que les perroquets ne disposent que de 300 à 400 papilles gustatives, contre 9 000 pour l'homme, on comprend aisément que les perruches calopsittes aient une perception toute différente de leur environnement « gustatif ». Les perroquets ayant naturellement tendance à sélectionner essentiellement les graines très caloriques, ils risquent d'engraisser lorsque leur activité physique est moins importante.
Un menu sain. Il est composé à 40 % d'un mélange de graines équilibré, à 20 % de pellets ou granulés extrudés, à 25 % de légumes et à 15 % de verdure et de baies. La quantité est variable d'un oiseau à l'autre, en fonction de sa taille et des occasions qu'il a de se dépenser ; pendant la mue, les besoins sont plus importants.

Un mélange de graines équilibré accompagné de pellets ou de granulés extrudés constitue la base d'une bonne alimentation.

Les graines

Un bon mélange de graines doit contenir de l'alpiste, différentes sortes de millet (millet blanc et millet japonais par exemple), de l'avoine décortiquée et du milo. On trouve dans les animaleries des mélanges tout prêts très riches. Attention : le mélange ne doit contenir aucune graine de tournesol et un peu de cardy seulement car ces graines sont trop grasses et peuvent entraîner un excès de poids, et ensuite les maladies qui lui sont associés (voir p. 41).

En Australie, on a observé que les perruches calopsittes préféraient le sorgho au tournesol – un exemple à suivre pour l'élevage en captivité.

Attention. La date limite de conservation des mélanges de graines ne doit pas être dépassée. N'achetez pas non plus vos graines dans des conteneurs ouverts car des mites alimentaires peuvent s'y introduire et les souiller. Stockez vos graines au frais et au sec dans un récipient en plastique. Jetez-les si elles sentent le moisi.

Grit. Dans la nature, on trouve souvent des petits morceaux de quartz et autres minéraux dans le jabot des perruches calopsittes. Pour faciliter la digestion des graines chez les oiseaux captifs, il est donc conseillé de mettre à leur disposition un récipient contenant du grit.

Les pellets et les granulés extrudés

Ces aliments complets industriels contiennent tous les composants indispensables à l'alimentation des perruches calopsittes.

Les produits de la nature

Ce que les perruches calopsittes apprécient par-dessus tout, ce sont les aliments frais et les branches. Elles peuvent s'occuper des heures avec des branches de saule, de noisetier, de pommier ou de guignier (avec les feuilles), une activité qui leur permet aussi de satisfaire leur instinct rongeur et d'abaisser leur niveau de stress. Avant de les leur donner, retirez le plus gros des saletés en passant les branches sous l'eau. Pour que le bonheur de vos perruches calopsittes soit complet, proposez-leur aussi des plantes sauvages. Outre le mouron des oiseaux, que l'on trouve presque toute l'année, pensez à la bourse-à-pasteur, à la renouée des oiseaux, au plantain,

Règles importantes **concernant l'alimentation**

LES CONSEILS DE L'EXPERT
Hildegard Niemann

GRAINES. Les perruches calopsittes mangent toujours en premier les graines riches en matière grasse et boudent la nourriture qui ne leur plaît guère. Rusez en pesant leur ration quotidienne de graines sur une balance de ménage et en la répartissant entre la ration du matin et celle du soir (respectivement un tiers et deux tiers, comme dans la nature). Ainsi, vous serez certain qu'elles ont mangé à leur faim avant de dormir.

COLLATIONS. Elles peuvent être composées de légumes, de baies et de fruits – ces derniers doivent toujours être donnés à la main !

ALIMENTS PAUVRES EN CALORIES. Les plantes sauvages comme la bourse-à-pasteur et le mouron des oiseaux peuvent occuper les perruches calopsittes une journée entière. N'oubliez pas de les retirer de la cage le soir car elles pourrissent vite.

FRIANDISES ET RATIONS SUPPLÉMENTAIRES. Vous pouvez les donner comme récompense à vos perruches à n'importe quel moment de la journée (voir p. 53).

à la folle-avoine, au panic pied-de-coq, au millet sanguin, au millet des oiseaux, et à l'ivraie vivace. Ne les cueillez pas en bordure de routes très fréquentées ou aux croisements, et assurez-vous qu'aucun insecticide ou autre produit chimique n'a été répandu à proximité du lieu de cueillette. Vous pouvez congeler vos plantes sauvages dans une boîte en plastique après les avoir nouées

Le pain est une alternative délicieuse aux graines ordinaires. Rassis et embroché sur une branche, il sert aussi à se faire le bec.

en petits fagots. Offrez-les (décongelées, bien entendu) au milieu de l'hiver à vos perruches : cette distraction sera la bienvenue

Légumes. Pour diversifier leur alimentation et varier les menus, proposez-leur des légumes issus de la culture biologique : céleri en branche, carotte, chou-rave, concombre, brocoli, bettes à carde, poivron, endive. Lavez-les soigneusement avant et ne les coupez pas en morceaux trop petits. Les perruches calopsittes adorent grignoter et apprécient de faire un effort pour pouvoir manger. Pour changer un peu de la mangeoire, pensez à la brochette ou au panier suspendu en inox.

Baies. Les fruits de l'églantier, les baies de sorbier, d'aubépine, de pyracanthe ou d'argousier et les mûres constituent un bon complément. Séchés, ils peuvent aussi servir de jouets. Une fois congelées, les baies peuvent attendre la saison froide. Vous les servirez décongelées par petites portions en hiver.

Fruits. Les perruches calopsittes ne les apprécient guère. Certaines viennent toutefois manger un morceau de banane ou de pomme dans la main de leur maître. Ne posez jamais de fruit dans la cage ; donnez-les toujours directement pour éviter la formation de champignons.

Attention. Ne glissez pas d'aliments frais entre les barreaux car il vous sera ensuite difficile de nettoyer ces endroits, sans parler des champignons. Si vous leur donnez régulièrement des produits frais provenant de la nature, vermifugez-les une ou deux fois par an. Votre vétérinaire vous conseillera.

Précautions. Certaines perruches calopsittes sont très sensibles aux constituants de la rhubarbe et de l'asperge. L'avocat est toxique et doit absolument être évité. Les plantes à bulbe provoquent des anémies et les fruits à coque sont interdits car ils sont trop gras et contiennent souvent des spores de champignons.

L'eau

Dans la nature, la vie quotidienne des perruches calopsittes dépend de l'eau qu'elles trouvent. En captivité, elles doivent disposer en permanence d'eau fraîche, que vous devez changer deux fois par jour. Dans la mesure où elles produisent une assez grande quantité de poudre de plumes, une couche fine se dépose au fil des heures sur l'eau qu'elles boivent, ce qui n'est pas bon pour elles. Leur eau doit être limpide et propre en permanence.

Les friandises

Avec une alimentation aussi saine, vos perruches peuvent bien recevoir de temps à autre une friandise. Il existe aujourd'hui des barres de muesli, des gâteaux secs et du pain pour oiseaux spécialement conçus pour les perroquets. Vérifiez la composition de ces produits car ils ne doivent contenir ni fruits à coque ni sucre. En principe, les friandises ne doivent servir qu'à récompenser vos perruches quand elles ont bien travaillé. Faites-leur d'abord faire des exercices ou un parcours sportif, et vous pourrez ensuite leur offrir une délicieuse petite surprise.

Attention aux excès

L'excès de poids et les maladies qui lui sont associées peuvent avoir des conséquences fatales pour vos perruches. Demandez à votre vétérinaire de vous indiquer le poids idéal pour chacune d'entre elles et notez l'évolution de leur poids. Si l'un de vos oiseaux commence à grossir, préparez-lui un programme sportif adapté. Diminuez la part des graines jusqu'à ce qu'il ait retrouvé un poids normal. Ensuite, nourrissez-le encore un moment à part. Si votre oiseau est déjà malade, demandez à votre vétérinaire de vous prescrire un régime précis.

MOURON DES OISEAUX. Leur plante préférée. Elle possède de minuscules fleurs blanches à dix pétales très caractéristiques et pousse toute l'année.

RUMEX CRÉPU. Les feuilles du rumex sont impossibles à lisser, d'où son nom. Les inflorescences peuvent atteindre 150 cm de long.

PANIC PIED-DE-COQ. Cette graminée robuste dont les épis sont constitués de longues soies pousse un peu partout. Ses infrutescences rappellent celles du millet commun.

FOLLE-AVOINE. Cet ancêtre sauvage de l'avoine peut atteindre 150 cm de haut. Les inflorescences argentées sont généralement orientées vers le bas.

La toilette

Pour la perruche calopsitte, les plumes sont une garantie de survie. Elles lui tiennent chaud, la protègent de la chaleur, de la pluie et autres intempéries. Leur couleur constitue un camouflage parfait contre les prédateurs et donne des indications à ses congénères sur son sexe et son âge. Les plumes sont constituées à 90 % de kératine, une protéine fibreuse également constitutive du bec et des griffes, ainsi que de nos cheveux, poils et ongles. On distingue plusieurs sortes de plumes : les rectrices, les rémiges (voir p. 10) et les tectrices.

Ce sont leur forme et leur structure qui permettent à la perruche calopsitte de voler très vite et d'atteindre ainsi les endroits où elle trouvera de la nourriture. Elle possède également des pulviplumes, ou duvet poudreux, une particularité propre à quelques familles d'oiseaux seulement. Ces plumes très spéciales se désagrègent à partir de la pointe et libèrent de la poudre. Celle-ci sert à la fois à entretenir la peau sensible des perruches calopsittes et à lisser et imperméabiliser les tectrices.
Une perruche calopsitte en bonne santé passe beaucoup de temps à nettoyer son plumage avec son bec et à remettre ses plumes en place. Les séances de toilettage peuvent donc durer un bon moment. À la fin, elle s'étire de tout son long et se secoue vigoureusement pour bien plaquer ses plumes sur son corps. Elle produit alors un petit nuage de poudre qui provient des pulviplumes. C'est parfaitement normal. Si ce n'est pas le cas, conduisez immédiatement votre oiseau chez le vétérinaire car c'est le symptôme d'une maladie grave. La perruche calopsitte se nettoie le bec en le frottant contre un perchoir. Comme il pousse en permanence, elle doit l'user et l'entretenir en rongeant régulièrement quelque chose.
Aussi vos perruches doivent-elles avoir en permanence suffisamment de possibilités de le faire, notamment sur des branches fraîches.

Chaque plume est consciencieusement nettoyée et soigneusement remise en place. Un plumage impeccable est une garantie de survie pour la perruche calopsitte.

Cette perruche écarte les ailes pour mieux profiter de sa douche et permettre à l'eau d'atteindre le dessous des ailes.

Cette perruche lisse amoureusement les parties du corps que sa partenaire ne peut atteindre toute seule. Le câlin est compris dans le prix !

La perruche calopsitte se nettoie les yeux et le nez avec ses griffes. Quant à ces dernières, elle se les nettoie délicatement avec le bec. Les différentes sortes de perchoirs épais lui permettent de les user pour qu'elles ne soient pas trop longues.

Conseil. Si le bec ou les griffes de votre perruche deviennent malgré tout trop longs, emmenez-la rapidement chez le vétérinaire pour les faire couper correctement. Leur longueur excessive peut être le symptôme d'une maladie ou de mauvaises conditions de vie. Ne les coupez jamais vous-même pour ne pas risquer de blesser gravement ces productions cornées très sensibles.

Le lissage mutuel des plumes

Certaines parties du plumage étant difficilement accessibles, l'aide que peut apporter un partenaire est toujours la bienvenue. Seule, la perruche calopsitte ne pourrait pas ouvrir les fourreaux des plumes de la tête. Elle confie donc cette mission de confiance à l'une de ses compagnes.

Une propreté indispensable !

La propreté est la condition indispensable à une vie longue et sans problèmes. Même si vos perruches calopsittes entretiennent elles-mêmes leur corps et leurs plumes, elles ne dédaignent pas un petit coup de main. Deux ou trois fois par semaine, douchez-les en utilisant un vaporisateur. Utilisez de l'eau froide ; la perruche calopsitte refuse les douches chaudes car elles sont désagréables pour elles, compte tenu de sa température corporelle élevée. Ne vaporisez pas l'eau directement sur vos oiseaux ; laissez plutôt l'eau retomber doucement sur eux. Même les plus récalcitrants apprécieront d'être lavés ainsi.
Lavez le vaporisateur après chaque douche et videz bien la buse pour éviter les infections bactériennes. Des branches nettoyées et mouillées peuvent aussi faire office de douche : accrochez-les à la cage et laissez-les tout simplement s'égoutter sur vos oiseaux. Autre alternative : le bain dans les feuilles humides.

La santé avant tout

Leur vie n'est pas un long fleuve tranquille. La parade nuptiale et la mue, déclenchées par la sécrétion d'hormones, sont des événements d'une grande intensité. On peut très facilement favoriser la parade nuptiale et l'accouplement en modifiant quelques paramètres (voir encadré p. 43). Accordez par exemple à vos perruches 12 heures de repos nocturne et ne leur laissez pas la possibilité de se retirer dans une cachette sombre. Les graines très grasses favorisent également le déclenchement de la parade nuptiale.

La mue

La mue annuelle est une question de survie pour les perruches calopsittes car elle conditionne leur capacité à voler. Elle permet le renouvellement de leurs plumes. Cette période est éprouvante. Outre les démangeaisons qu'elles ressentent du fait de l'usure de leur ancien plumage, les perruches sont épuisées et facilement irritables. Lors de la mue des tectrices et des rémiges, elles ont besoin de plus de tranquillité et de repos que d'habitude. Les sujets âgés souffrent beaucoup de la mue ;

Au sein d'une communauté, la perruche calopsitte se sent rassurée et protégée. Les oiseaux élevés seuls, qui ne connaissent pas ce contact et souffrent de stress, deviennent souvent des « braillards ».

ils ont même parfois besoin de l'aide du vétérinaire pour surmonter correctement ce processus métabolique. Durant cette période, donnez plus d'aliments frais à vos compagnes et proposez-leur deux fois par semaine une pointe de blanc d'œuf (œuf de poule que vous aurez fait cuire 20 min).
Attention. Si l'une de vos perruches ne mue pas une fois par an ou si la mue s'interrompt, faites-la examiner par un vétérinaire.

Les frayeurs nocturnes

Cette situation est angoissante : vous voilà réveillé au milieu de la nuit par des cris perçants et le bruit de vos perruches voletant et sautant dans leur cage ! Ce comportement, appelé « frayeur nocturne » par les spécialistes, est bien connu chez les perruches calopsittes. Elles sont effrayées par un bruit ou par la lumière des phares d'une voiture qui passe et ne peuvent pas se sauver en s'envolant comme elles le feraient dans la nature. Elles se cognent alors contre les barreaux de la cage et paniquent. L'important est de les rassurer. Allumez la lumière et assurez-vous qu'aucune d'elles n'est blessée. Si elles sont totalement paniquées, elles ne vous reconnaîtront même pas au début. Approchez-vous lentement d'elles. Si l'une d'elles s'est coincé une aile dans les barreaux ou dans un jouet, soutenez son corps à l'aide d'un torchon jusqu'à ce qu'elle arrive à se dégager. Faites très attention car, sous l'effet de la panique, elle va essayer de vous mordre ! Ne parlez surtout pas en même temps car votre perruche risque dès le lendemain d'associer votre voix à cet événement pénible et de ne plus avoir confiance en vous. Pour éviter cela, branchez une veilleuse pour enfants. Les perruches très âgées, qui souffrent déjà de problèmes liés à la vieillesse, peuvent se blesser gravement dans ce genre de situation. Par conséquent, retirez les jouets de la cage le soir et couvrez celle-ci avec une couverture légère et sombre. Certaines perruches très âgées en ont cependant tellement vu au cours de leur

Senior Willy vit depuis 30 ans dans la même famille. C'est l'une des plus vieilles perruches calopsittes d'Allemagne.

longue vie qu'elles sont devenues impassibles et que rien ne peut les faire sortir de leur sommeil.

La cure de verdure printanière

Après un hiver tout entier passé à l'intérieur, vos perruches calopsittes apprécient le moment où, à la fin du printemps, vous pouvez enfin mettre leur cage quelques heures sur le balcon ou la terrasse. Pour mobiliser leurs défenses immunitaires avant la saison chaude, il est conseillé de leur faire faire une cure de verdure au printemps. Les boutiques bio proposent presque toute l'année du basilic, du persil et de l'oseille. Ils constituent une excellente source de vitamines l'hiver. Le mouron des oiseaux pousse quasiment toute l'année et la bourse-à-pasteur fait partie des premières plantes sauvages de printemps que vous pouvez proposer à vos perruches calopsittes. L'oseille sauvage est un régal pour elles. Elle ne pousse que quelques semaines au printemps et ne peut être ni stockée, ni séchée, ni congelée. Comme elle fane au bout de quelques heures, ne la laissez pas dans la cage le soir. Le mouron des oiseaux peut se conserver humidifié une semaine au réfrigérateur dans une boîte en plastique. Il constitue un petit en-cas délicieux. Vous avez donc de quoi offrir chaque jour un petit plaisir à vos calopsittes. Les herbes sont riches en vitamines et en sels minéraux que l'organisme des oiseaux est parfaitement capable d'assimiler. Évidemment, ces friandises pauvres sur le plan énergétique constituent aussi une bonne occupation. Présentées dans une corbeille en osier accrochée au plafond de la cage, elles inciteront vos perruches à voler et à se balancer. Ne soyez pas étonné si elles ne consomment pas beaucoup de graines ; ces petites bêtes sont intelligentes et préfèrent les produits frais. Cette cure à base d'herbes n'apporte donc pas seulement un plein de vitamines et une distraction appréciée ; c'est aussi un moyen de mettre les plus enrobées au régime sans contrainte.

Après un long hiver, la verdure cueillie dans la nature est un vrai bonheur pour les perruches calopsittes. Au point qu'elles en délaissent les graines. Idéal pour le régime !

Quelques règles pour maintenir vos perruches calopsittes en bonne santé

Malgré leur fragilité apparente, les perruches calopsittes sont étonnamment robustes. Lorsqu'elles ne se sentent pas bien ou qu'elles sont stressées, elles mettent du temps à le montrer. C'est donc à vous de bien vérifier qu'elles sont parfaitement à l'aise dans leur environnement.

La bonne tactique

+ La calopsitte a besoin de 12 heures de sommeil ininterrompu pour être épanouie et heureuse. Pour créer l'atmosphère propice, installez-lui sa propre cage-dortoir dans une pièce calme ou recouvrez la cage pour qu'elle soit dans l'obscurité.

+ L'air frais stimule les défenses immunitaires et garantit la bonne qualité du plumage. Durant les mois chauds, mettez-les de deux à quatre heures par jour dehors, à l'ombre, sur votre balcon ou votre terrasse.

+ Donnez-leur des branches fraîches qui ont encore leurs feuilles pour les inciter à ronger quelque chose. Cette activité leur permet en même temps de s'user le bec.

À éviter

− Les perruches calopsittes n'aiment pas trop se trouver près d'un poste de télévision allumé. La musique trop forte les dérange aussi. Installez leur cage à l'abri de la lumière et du bruit.

− Les perchoirs industriels, qui ont toujours le même diamètre, abîment à la longue leurs petits pieds fragiles. Installez-leur des perchoirs en bois ramassé dans la nature ou en corde armée et vérifiez régulièrement l'état de leurs pieds.

− Les mangeoires et les abreuvoirs en plastique se fendillent au bout d'un moment, et des bactéries s'installent dans les fissures. Les récipients en métal, faciles à nettoyer, limitent les risques d'infection.

Les maladies

La perruche calopsitte sauvage se trouve à l'extrémité de la chaîne alimentaire, ce qui signifie que des prédateurs s'en nourrissent. Ces derniers choisissent évidemment toujours leur victime potentielle parmi les individus les plus faciles à capturer, c'est-à-dire ceux qui sont faibles et malades, mais aussi ceux dont les couleurs sont les plus vives. Au fil de son évolution, la perruche calopsitte a donc appris à donner le change le plus longtemps possible et à ne pas montrer qu'elle est malade.
Ce comportement s'observe aussi chez les sujets captifs et les maîtres constatent souvent trop tard qu'elles sont vraiment mal en point.
Quand une perruche calopsitte n'a plus la force de cacher sa maladie, celle-ci est déjà très avancée et elle va très mal. Autrement dit, foncez chez le vétérinaire, car ce n'est pas le début d'une maladie mais la fin de l'oiseau qui se profile !

Les yeux gonflés sont un signe de conjonctivite. Pour être certain qu'il ne s'agit pas d'une chlamydiose, emmenez rapidement votre oiseau chez le vétérinaire.

Comment reconnaître un oiseau malade ? Quelques symptômes sont évidents : plumage ébouriffé en permanence (ce qui signifie que l'oiseau essaie de se réchauffer), les yeux fermés debout sur ses deux pattes car il est trop faible pour garder son équilibre, prise ou perte de poids soudaine (troubles digestifs ou métaboliques), balancement de la queue (troubles respiratoires).
Traitement. Isolez l'oiseau du groupe pendant la durée du traitement ; installez-le dans une cage-hôpital (qui peut être la cage servant à la quarantaine ; voir p. 26), dans une pièce calme. Mettez-le sous une lampe à infrarouges pour le réchauffer. Couvrez néanmoins la moitié de la cage avec une serviette pour que votre petit patient puisse choisir entre la chaleur de la lampe et la fraîcheur de la partie couverte. Veillez à ce qu'il boive suffisamment ; un oiseau en bonne santé boit normalement de 5 à 10 ml d'eau par jour. Dans la mesure où les perruches calopsittes refusent de boire une eau qui n'est pas pure parce qu'ils peuvent être très sensibles aux additifs, il est préférable de lui injecter directement dans le bec les vitamines et les fortifiants prescrits par le vétérinaire, en utilisant une seringue sans aiguille.
Quand faut-il consulter ? Très souvent, les maladies de la perruche calopsitte sont dues à des erreurs d'alimentation. Par conséquent, convenez avec votre vétérinaire d'un régime précis.

En cas de modification de l'apparence extérieure (croissance du bec ralentie par exemple), un diagnostic complet avec prise de sang doit être établi afin de vérifier les valeurs liées au métabolisme. Si le vétérinaire constate une infection contagieuse, il devra examiner tous les autres membres de la tribu. L'examen de tous vos oiseaux s'impose aussi quand l'un d'entre eux meurt, même s'il était très âgé. C'est le seul moyen de s'assurer qu'aucun de ses ex-compagnons n'est malade.

Que faire en cas de blessure ?

Si l'une de vos perruches calopsittes se blesse, réagissez rapidement et avec précautions. Prenez un torchon propre en coton et immobilisez délicatement l'oiseau dans votre main. Son dos doit être appuyé contre la paume de votre main. Maintenez sa tête par derrière avec le pouce et l'index. Vous pouvez maintenant examiner doucement les blessures avec l'autre main. Restez calme et ne parlez pas à votre perruche. Elle est en état de choc et risque d'associer par la suite votre voix à l'angoisse qu'elle ressent maintenant. Si elle saigne beaucoup, nettoyez la blessure et conduisez-la au plus vite chez le vétérinaire.

La pharmacie de secours. Quand on élève des oiseaux, une pharmacie bien fournie est indispensable en cas de blessure. Elle doit contenir :

› pansements hémostatiques pour les petites coupures et égratignures ;

› solution de chlorure ferrique à 3 % pour les blessures qui saignent beaucoup, à appliquer avec une compresse stérile en appuyant sur la plaie jusqu'à ce que vous arriviez chez le vétérinaire. Attention, ça brûle et votre perruche va crier et essayer de vous mordre !

› bandes de gaze, torchon propre en coton, une paire de ciseaux propres et une pince à épiler pour retirer les petits corps étrangers, des Coton-Tige ;

› sérum physiologique pour nettoyer et laver les plaies ;

Le contrôle du poids est un bon moyen de prévenir les problèmes de santé. Un poids insuffisant ou trop élevé est un signal d'alarme à prendre très au sérieux !

› seringues de 5 ml sans aiguilles pour laver les plaies et administrer les médicaments ;
› lampe à infrarouges ordinaire pour réchauffer les oiseaux blessés, qui sont souvent choqués.

Les visites chez le vétérinaire

Les perruches calopsittes ont une espérance de vie relativement élevée : 25 ans. Il est donc peu probable qu'elles vivent aussi longtemps sans jamais être malades. Pour prévenir les maladies ou les détecter à temps, un examen annuel par un vétérinaire spécialisé s'impose.
Important. Avant la visite, notez toutes les questions que vous voulez poser.
Le trajet. Utilisez une simple boîte de transport dans laquelle vous aurez étalé un vieux torchon ; il ne doit comporter ni motifs à rayures (dont la perruche se méfie dans la nature) ni grosses bouclettes (risque de blessure). Pour son confort, installez un perchoir.
Demandez auparavant au vétérinaire si votre oiseau doit être à jeun pour l'examen.
Si votre oiseau est malade ou blessé, maintenez-le au chaud dans l'obscurité pendant le trajet pour qu'il puisse se reposer.
Si vous soupçonnez une blessure à la tête, gardez-le au frais dans l'obscurité jusqu'à votre arrivée chez le vétérinaire. Dans ce cas, utilisez une boîte qui ne laisse pas entrer la lumière et qui soit étroite pour que ses mouvements soient limités, de manière à éviter les chocs.
Amenez les fientes des dernières 24 heures sur un morceau de papier journal ; elles donneront au vétérinaire de précieuses indications sur la façon dont l'oiseau digère.
S'il fait chaud, couvrez la boîte avec une serviette humide pour que votre perruche n'ait pas trop chaud, et n'oubliez pas l'abreuvoir.
Sur place. Le vétérinaire va procéder à un examen clinique approfondi, faire un prélèvement au niveau du cloaque et du jabot, et faire un hémogramme. S'il soupçonne une maladie grave, il peut aussi effectuer une endoscopie.
Ensuite, faites-vous bien expliquer de quoi souffre votre oiseau et quelle conduite tenir une fois chez vous. Rappel : ne donnez jamais de médicaments sans qu'un diagnostic n'ait été établi.
Le vétérinaire peut aussi vous montrer quelques gestes utiles pour administrer les médicaments. Il est important que vous sachiez comment les stocker et les doser car certains médicaments se conservent au frais et très peu de temps.
Convenez d'une date pour une visite de contrôle.
De retour chez vous, votre petit malade doit rester isolé dans une pièce tranquille jusqu'à sa guérison.
Les perruches calopsittes âgées doivent être examinées plus souvent par un vétérinaire car elles peuvent souffrir d'affections liées à l'âge, comme l'artériosclérose, le diabète ou l'arthrose. Avec un bon traitement, elles peuvent vivre leur vieillesse tranquillement, sans souffrir.
Malheureusement, de nombreuses affections virales ont fait leur apparition dans les élevages ; elles sont provoquées par des paramyxovirus ou le virus de la PBFD (voir tableau page ci-contre) par exemple, et sont contagieuses pour tous les perroquets. Elles sont très pénibles pour eux, mais ne présentent absolument aucun danger pour l'homme. Des tests fiables vous permettent de savoir rapidement si votre oiseau est atteint. Beaucoup de calopsittes sont porteuses de l'un de ces virus et peuvent le transmettre à d'autres perroquets sans pour autant être malades.

Les maladies **les plus importantes**

Toutes ces maladies imposent une visite chez le vétérinaire

NOM	SYMPTÔME	CAUSE/REMARQUE
PBFD/maladie du bec et des plumes des psittacidés	Modifications des plumes et des productions cornées, s'aggravant à chaque mue, diarrhée, apathie, perte d'appétit	Circovirus appelé virus PBFD ; peut être transmis par des oiseaux ne présentant aucun symptôme
PARAMYXOVIROSE	Troubles de l'équilibre, convulsions, troubles du système nerveux central	Paramyxovirus (PMV) ; divers agents pathogènes ; vaccins actuellement à l'essai
PSITTACOSE	Yeux tuméfiés, paupières rouges, chute des plumes autour des yeux, sinusite, urates vert fluo, diarrhée	*Chlamydophila psittaci*, une bactérie ; la psittacose est transmissible à l'homme et doit faire l'objet d'une déclaration
STÉATOSE HÉPATIQUE	Plumes sombres, qui paraissent grasses, hypertrophie du bec, picage	Nombreuses causes, notamment et surtout carences alimentaires
AFFECTION RÉNALE	Soif intense, fientes très liquides, picage sur les jambes et le bas-ventre, prurit	Intoxication au zinc ou au plomb, infections bactériennes, carences alimentaires ; non traité, peut entraîner des crises de goutte douloureuses
MYCOSE	Perte de poids, diarrhée, déshydratation, fringales	*Macrorhabdus ornithogaster* ; ce champignon est responsable de la proventriculite
PONTE CHRONIQUE	La femelle est au sol et n'arrive plus à tenir sur un perchoir, fragilité osseuse, rétention d'œufs, diabète	Mauvaises conditions de vie, excès de poids important, déséquilibre hormonal
DIABÈTE	Soif excessive, production plus importante d'urine, perte de poids brutale et importante chez un sujet auparavant obèse, peau pâle et froide	Excès de poids dû à des carences alimentaires, à l'hérédité, à un traitement hormonal chez la femelle atteinte de ponte chronique ; plus fréquent chez la calopsitte que chez les autres perroquets ; plus fréquent aussi chez la femelle, et chez les sujets en surpoids
INTOXICATION AU PLOMB ET AU ZINC	Soif accrue, vomissements, diarrhée aqueuse, crampes, paralysie	Le sujet a rongé ou joué avec des objets contenant du plomb ou du zinc
SINUSITE	Chute des plumes au niveau de l'œil, yeux tuméfiés avec écoulement purulent, face tuméfiée	Infections bactériennes ; attention : confusion possible avec la psittacose !

La reproduction

Vous avez décidé d'élever un couple et vos deux oiseaux s'entendent très bien. Dès qu'ils auront atteint leur maturité sexuelle (vers l'âge de 12 mois), ils vous feront comprendre qu'ils aimeraient nicher. Ne les laissez pas faire toutefois avant l'âge de deux ans, âge auquel la femelle devient complètement adulte.
Quand ils sont prêts à se reproduire, les oiseaux inspectent le moindre recoin et regardent d'un air intéressé le moindre interstice. Rappel : la législation française distingue les oiseaux domestiques et les oiseaux non domestiques. Pour élever, détenir et vendre des oiseaux non domestiques (certaines variétés de perruches calopsittes le sont), vous devez posséder un certificat de capacité et être déclaré en préfecture. S'il s'agit de variétés domestiques, vous n'avez aucune formalité à accomplir si vous restez dans le cadre d'un élevage amateur.
Si vous souhaitez vendre vos oiseaux, renseignez-vous auprès des services de la préfecture, car vous êtes soumis à certaines obligations. Les oisillons devront notamment être bagués.

Les petits perruchons réclament encore à manger alors qu'ils ont le jabot plein – une particularité qu'ils ont en commun avec les grands cacatoès.

La parade et l'accouplement

Proposez à vos perruches calopsittes un nichoir-boîte (vous en trouverez dans le commerce) de 30 × 30 × 30 cm. Fixez-le par l'extérieur à la partie supérieure de la cage près d'une ouverture. Remplissez-le sur de 5 à 8 cm d'épaisseur de copeaux de hêtre ; ils serviront de matériau de garnissage du nid. Tamisez-les auparavant pour éliminer les tout petits morceaux et les fines particules, afin que les oisillons ne respirent aucune poussière quand ils seront nés.
Le mâle fait sa cour à la femelle depuis un bon moment déjà. Il la suit partout, en se faisant tout mince, les ailes déployées et la huppe hérissée.

Les parents se partagent la couvaison. Le père s'occupe de ses petits et les protège des intrus.

La ponte chronique

Certaines femelles continuent à pondre une fois que leur nichée est au complet, ou bien recommencent dès la fin de la couvaison. Elles finissent par être épuisées et meurent.

DIMINUEZ SON TAUX D'HORMONES. Laissez votre perruche dormir 14 heures dans l'obscurité et faites-lui perdre autant de poids que le vétérinaire vous conseillera. Empêchez-la de se glisser dans la journée dans les cavités et les trous obscurs.

DEMANDEZ CONSEIL. Consultez un comportementaliste pour modifier ses conditions de vie.

STÉRILISATION. Parfois, mais très rarement, la femelle doit être opérée pour être stérilisée.

Il lui prouve par un chant mélodieux à quel point il l'aime. La femelle finit par céder et l'accouplement a lieu. Celui-ci peut aussi se produire à n'importe quel moment de l'année sans intention de procréer, simplement pour renforcer le couple. Néanmoins, les accouplements sont beaucoup plus fréquents à la saison des amours.

L'élevage des oisillons

La femelle pond jusqu'à sept œufs blancs (jusqu'à 25 mm de long) à intervalles de deux jours. Leur incubation dure entre 18 et 21 jours. Normalement, la femelle couve le jour et le mâle la nuit. Comme le mâle ne nourrit pas la femelle dans le nid, les deux adultes doivent quitter de temps en temps le nichoir pour aller se nourrir. Pendant la période d'élevage des petits, proposez aux parents une nourriture bien équilibrée (voir p. 28). Les jeunes grandissent très vite durant les trois premières semaines, à la fin desquelles ils pèseront environ deux tiers du poids qu'ils feront adultes. La femelle étant épuisée par la ponte, accrochez un os de seiche au grillage de la cage. Au bout de quatre semaines, les petits ont toutes leurs plumes et commencent à explorer leur environnement.

Une aide est parfois nécessaire. Même si les perruches calopsittes sont en général de très bons parents, il arrive qu'il y ait des problèmes. Si les petits ne profitent pas bien, évitez de les retirer du nid. Donnez-leur éventuellement une pâtée d'élevage. Utilisez pour cela une seringue sans aiguille. Dans de très rares cas, les parents, stressés par leur environnement, mordent leurs petits ou leur arrachent les plumes. Si cela se produit, retirez aussitôt les oisillons du nid et élevez-les vous-même.

Sociable et joueuse

Les perruches calopsittes sont des petites aventurières qui partent volontiers à la recherche d'une nouvelle distraction. Mais elles se satisfont tout autant d'un jeu ou d'une séance de caresses avec vous, ce qui est aussi un moyen agréable de renforcer les liens qui vous unissent. Une chose est sûre : elles adorent s'amuser !

Ensemble, c'est mieux

Dans leur pays d'origine, les perruches calopsittes passent leur journée à chercher à manger, à entretenir des liens sociaux et à élever leurs petits. Elles ont des prédateurs et doivent donc toujours être prêtes à fuir. C'est ce qui explique qu'au fil de leur évolution elles soient devenues aussi intelligentes et capables d'adaptation. Ces qualités en font l'oiseau de compagnie idéal, car elle apprend très bien et arrive à nouer des liens très forts avec ses partenaires et ses maîtres. La devise de la perruche calopsitte : « Ensemble, c'est mieux ». Il n'est donc pas rare de la voir solliciter un membre de la famille – oiseau ou humain – pour jouer et se distraire. Elle ne veut pas vivre seule et préfère la compagnie de congénères, avec un sens la famille au sens large très prononcé. Tout l'intéresse : le stylo que vous tenez dans la main, la chaussette sur le fil à linge ou la cuillère qui brille sur la table. Son maître parvient très vite à comprendre son langage corporel et à savoir quels sont les jouets et les jeux qu'elle préfère. En effet, même si toutes les perruches calopsittes ont un aspect extérieur identique, chacune a son caractère. L'une d'entre elles va se jeter avec enthousiasme et curiosité sur un nouveau jouet et se défouler dessus, alors qu'une autre attendra peut-être plusieurs jours avant de s'avancer prudemment vers cet objet inconnu. Trouver le jouet ou le jeu qui correspond exactement à une perruche calopsitte donnée n'est donc pas forcément chose facile.
Observez chaque oiseau plusieurs minutes par jour et essayez de découvrir son caractère. Vous verrez que vous ne tarderez pas à vous entendre !

Entretenir l'amitié

C'est en groupe que les perruches calopsittes se sentent le plus en sécurité. Les différents contacts sociaux qu'elles ont entre elles leur permettent de découvrir le monde ensemble.

Entre oiseaux

Au sein de la famille des cacatoès, les perruches calopsittes passent pour être des oiseaux particulièrement pacifiques, en quête d'harmonie, qui s'élèvent très bien à plusieurs.

La perruche calopsitte ne choisit jamais ses amis au hasard.

La détention d'un groupe ne pose en général pas de problème car elles savent garder suffisamment de distance les unes vis-à-vis des autres, une distance qu'aucune ne franchit sans que l'autre le souhaite. Si toutefois un conflit éclate, une brève altercation pour la forme s'ensuit, mais elle entraîne très rarement des blessures sérieuses. Une menace du bec et des ailes déployées suffisent à montrer à l'autre qu'il a dépassé les limites de la bienséance.
Les perruches calopsittes sont par ailleurs des amies très fidèles. Si l'une de ses compagnes est malade ou qu'elle ne peut pas la suivre dans une autre pièce, toutes deux gardent en permanence le contact par des vocalises. Cette solidarité étroite bénéficie principalement aux oiseaux timides et angoissés ; l'assurance et la fougue de leur partenaire leur démontrent le plaisir que l'on peut prendre à jouer. Lorsqu'une perruche découvre quelque chose d'intéressant, elle chante et jacasse pour que ses compagnes viennent voir. Il n'est pas rare de les voir fouiner sur le sol les ailes rabattues, en quête de nourriture ou de recoins à explorer. Lorsque l'une d'entre elles lance un cri d'alarme caractéristique, le groupe décolle à toute vitesse et se déchaîne à travers toute la maison. Après tout ce sport et toutes ces distractions, elles font une pause toutes ensemble et se lissent mutuellement le plumage. Cette opération est indispensable

Il arrive aux perruches calopsittes de se disputer. Une brève menace du bec suffit alors à arranger les choses et le calme revient très vite.

Après avoir joué, ces perruches se préparent à la pause : elles grincent du bec, secouent et ébouriffent leurs plumes, toujours ensemble.

car la perruche ne peut pas atteindre certains endroits toute seule avec son bec.

Entre l'homme et l'oiseau

Dans un élevage, l'homme fait partie intégrante du groupe ; c'est donc un membre de la colonie à part entière. Certes, nous devons avoir l'air un peu étrange aux yeux de nos compagnons ailés, mais les perruches calopsittes sont tolérantes et se font rapidement à l'idée que nous ne savons pas voler et que nous n'avons pas de plumes. Et elles comprennent très vite qu'une épaule fait un merveilleux perchoir. Et qu'en descendant le long du bras, on peut aider à laver les légumes, étendre la lessive ou accomplir les tâches ménagères. Aux yeux de nos perruches calopsittes, nous représentons donc un formidable terrain de jeu ! Les câlins doivent évidemment être au rendez-vous. En penchant leur petite tête, elles font comprendre à leur maître qu'il doit leur caresser le plumage. Elles tournent la tête de chaque côté avec délice, et la lèvent pour se faire caresser aussi sous le bec, un endroit sensible. Quand la perruche en a assez, elle secoue ses plumes, s'étire et passe à autre chose. Si elle a particulièrement confiance en vous, elle s'endormira à même sur votre épaule. Après avoir cherché sa place et ébouriffé son plumage, elle va relever une patte et vous entendrez bientôt un léger grincement de bec, signe qu'elle se sent très bien. Elle se sent tellement en sécurité qu'elle vous laisse le soin d'écarter les voleurs et les prédateurs. Et c'est un énorme compliment qu'elle vous fait là ! Mais une calopsitte peut aussi être de mauvaise humeur et montrer qu'elle n'a aucune envie de passer du temps avec son maître. Elle émet avec irritation un sifflement et accueille la main qui lui est offerte avec le bec grand ouvert. Respectez ce geste de mécontentement si vous ne voulez pas que cela se termine mal.
Mais quand votre petite râleuse est en danger, intervenez immédiatement pour enrayer les choses.

Quelques idées de jeux et d'activités

En tant que membre de la famille des cacatoès, la perruche calopsitte a un besoin instinctif de jouer et de ronger quelque chose. Sa curiosité et son intelligence doivent être stimulées quotidiennement si l'on veut qu'elle conserve sa joie de vivre et son équilibre.

Quels jouets acheter ? Tenez compte des préférences de votre perruche. Au début, il vaut mieux lui proposer différents jouets pour voir ce qui l'amuse le plus. Ceux qui comportent une clochette ou des perles semblent exercer une fascination particulière sur les perruches calopsittes ; certaines préfèrent cependant le cuir et le caoutchouc. Vérifiez bien que les jouets sont adaptés à elles. Elles sont parfois très vives et casse-cou. Souvent, les jouets proposés sont trop lourds ou trop imposants ; quand ils se balancent, ils risquent de blesser ces oiseaux fragiles. Ils ne doivent jamais être plus lourds que vos oiseaux. Les balançoires et les spirales sont incontournables. Pour que vos perruches s'y intéressent, elles doivent être installées à l'endroit le plus haut de la cage.

Quelque chose à ronger

Pour satisfaire l'instinct de vos perruches calopsittes, vous devez mettre à leur disposition non seulement du bois sous forme de branches fraîches, mais aussi d'autres matériaux, comme le sisal, le cuir et le caoutchouc naturel. Pensez aussi aux fines rondelles de bois. Les jouets du commerce ont l'avantage de souvent associer différents matériaux. Ils permettent de satisfaire à la fois le besoin de ronger et de jouer. Comme les parties en bois sont en général peintes avec des produits non toxiques (des colorants alimentaires le plus souvent) de couleur vive, la joie de vos oiseaux est encore plus intense. Avec un peu d'imagination, vous pouvez imaginer des jouets simples qui stimulent l'esprit joueur de vos perruches. Enveloppez par exemple des anneaux en plastique dans un torchon et laissez vos oiseaux les déballer avec leur bec.

Quelque chose à déchirer

Tous les perroquets sont attirés par le papier et le carton. On trouve aujourd'hui dans les animaleries toutes sortes de jouets en carton pour petits perroquets, destinés à être déchiquetés et déchirés. Des rouleaux de papier absorbant ou de papier toilette accrochés en haut de la cage peuvent aussi occuper vos perruches pendant des heures. Coincez un morceau de carton ondulé entre les barreaux ou enfilez des morceaux d'emballage d'œufs sur une ficelle en sisal que vous laisserez pendre dans la cage.

Une balançoire pour faire de **l'exercice**

Pour satisfaire leur besoin de bouger, installez-leur de nombreuses balançoires, spirales et anneaux en corde. Suspendus à un crochet au plafond de la pièce, ces balançoires-perchoirs leur permettent de se poser ou de décoller lorsqu'elles volent en liberté. Pour l'hygiène, placez au-dessous une feuille de papier journal ou un bac pour récupérer les fientes.

FRIANDISES. Pour satisfaire leur besoin naturel de recherche de nourriture, proposez-leur une partie de celle-ci dans un jouet prévu à cet effet : corbeille en métal, jouet en matière plastique, sachet en papier fait maison... Cela va leur faire faire de l'exercice ! Augmentez progressivement la difficulté du jeu (nourriture accessible moins facilement ou jouet suspendu plus haut). Nettoyez régulièrement les jouets et faites-les bien sécher, pour éviter les mycoses.

CLOCHETTES. Faire du bruit, c'est rigolo ! La perruche calopsitte adore les clochettes, les objets en métal et les perles. Proposez-leur uniquement des jouets conçus spécialement pour les perroquets afin d'éviter que le battant se détache et que vos oiseaux l'avalent. Faites pendre vos clochettes près des oiseaux. Les boules grillagées ou les jouets en bois contenant une clochette, que l'on peut facilement faire rouler sur une table les inciteront à bouger.

JOUETS À TENIR À LA MAIN. Ces jouets, que l'on peut lancer n'importe où, concentrent l'attention des oiseaux, qui, ainsi, ne vont pas explorer des objets qui ne sont pas faits pour eux.

Vos perruches pourront se défouler autant qu'elles voudront en les déchirant et en les déchiquetant.

Un arbre-perchoir accueillant

Les perruches calopsittes ont besoin de s'occuper, non seulement dans leur cage mais aussi à l'extérieur. Un arbre-perchoir constitue à la fois un poste de décollage idéal mais aussi un lieu où jouer et se reposer. Là, elles peuvent selon leurs envies grimper, grignoter ou se déplacer d'un bout à l'autre. Les animaleries proposent toutes sortes de modèles. Vérifiez bien la stabilité du pied : il ne doit pas pouvoir vaciller ni se renverser quand une perruche se pose énergiquement.

Si vous êtes habile de vos mains, vous pouvez aussi bricoler vous-même un arbre-perchoir. Utilisez de préférence des branches naturelles pour que vos oiseaux puissent se faire le bec dessus. Disposez les branches dans un bac à bords hauts rempli de sable et de gravier. Terminez par une couche de sable que vous changerez régulièrement car les oiseaux vont y déposer leurs fientes en jouant.

L'hygiène est une priorité absolue quand on élève des perroquets si l'on veut les protéger des infections. Disposez une partie des branches de telle manière que vos oiseaux puissent se poser à côté des jouets.

Un endroit attrayant. Distribuez-leur une friandise particulièrement alléchante uniquement sur leur arbre-perchoir. Cela peut être, par exemple, une petite corbeille en osier non traitée remplie de verdure et de jouets. Suspendue à l'arbre-perchoir, elle servira de balançoire et pourra contenir tous les jours une nouvelle surprise. Installez si possible votre arbre-perchoir loin de la cage ou de la volière pour que vos oiseaux aient à parcourir une certaine distance. Certaines perruches calopsittes sont parfois effrayées devant un arbre-perchoir trop gros s'il ne leur est pas proposé dès le début.

Si c'est le cas, ne forcez pas votre perruche à s'y installer les premiers jours. Ensuite, mettez-vous près de l'arbre-perchoir avec votre oiseau sur votre main et donnez-lui des friandises.

Dès qu'il est suffisamment détendu, déposez-le un court instant sur l'arbre-perchoir et continuez à lui donner des friandises. Il ne tardera pas à s'y rendre de lui-même pour obtenir une récompense. Cachez alors la friandise sous des jouets dans la corbeille en osier. Débarrassée de ses inquiétudes, votre perruche prendra progressivement l'habitude de venir se servir toute seule dans la corbeille !

Arbre-perchoir de table. L'alternative à ce type de perchoir, c'est le petit arbre-perchoir de table

Rien de tel qu'un petit jouet en bois pour nouer un contact en dehors de la cage. Et les plus timides se laissent volontiers caresser avec une petite baguette.

Avec un arbre-perchoir de table (acheté ou fait maison), vous pouvez offrir à vos perruches un merveilleux terrain de jeu peu encombrant. Des jouets multicolores, du sable dans lequel gratter et une petite friandise en font un endroit attrayant. Une fois qu'elles ont fini de jouer, il se nettoie et se range facilement.

(en animalerie) sur lequel vos oiseaux pourront se poser pendant leurs moments de liberté hors de la cage. Il présente l'avantage de pouvoir être rangé facilement une fois la promenade terminée. Aménagez-le selon les indications données précédemment. Bien entendu, changez et nettoyez régulièrement les jouets. Un terrain de jeu qui offre toujours le même spectacle finit par être lassant et ne satisfait plus la curiosité des perruches.

Attention aux **corps étrangers !**

Les calopsittes adorent les objets brillants et cherchent volontiers à les grignoter. Malheureusement, elles avalent souvent des petites pièces (souvent des bijoux), ce qui peut provoquer une intoxication par les métaux lourds. Éloignez ce genre d'objets de leur champ d'action et évitez les bijoux quand vous vous occupez d'elles.

L'éducation des perruches calopsittes

Même si nos perruches calopsittes sont élevées depuis longtemps en captivité, les gènes qui lui permettent de survivre dans la nature de son pays d'origine, l'Australie, sont toujours là.
Pour s'habituer à vivre avec nous une vie heureuse d'oiseau domestique, elles doivent mettre en œuvre des capacités d'apprentissage étonnantes. On peut faciliter ce processus d'apprentissage en travaillant régulièrement avec elles et en leur montrant comment se comporter pour être heureuses auprès de nous.

1 La friandise permet de faire comprendre à une perruche timide que la main de son maître ne représente aucun danger. Pour obtenir sa confiance, parlez à voix basse et faites preuve de patience.

2 Une fois qu'elle a accepté votre doigt, vous pouvez éloigner votre perruche de sa cage. Au début, déplacez-vous toutefois lentement et avec précautions.

Créer et entretenir le lien qui unit des oiseaux de compagnie porte un nom : le *« bonding »*.
Même dans la nature, les perruches calopsittes doivent en permanence s'adapter à des situations nouvelles ; l'« apprentissage » est donc en quelque sorte inné chez elles. La première étape d'une relation d'amitié consiste à habituer la perruche à la main (voir photos ci-contre).
Une fois qu'elle a compris que cette main ne représente aucun danger, vous pouvez entamer une véritable éducation.

Sifflements. Vous pouvez aussi renforcer votre relation sans contact physique par le biais de jeux reposant sur les sifflements et les chants.
Cette forme de communication marche notamment à merveille avec les perruches calopsittes timides ou ayant un passé douloureux. Outre les cris de contact et d'alarme, les mâles en particulier disposent de toutes sortes de chants et sifflements qui leur permettent d'entrer en contact avec leur environnement. Écoutez d'abord attentivement les chants de votre oiseau et commencez ensuite à les reproduire de façon un peu différente.
Vous pouvez aussi lui chanter des mélodies.
Il se lancera très vite dans un duo de sifflements.
Certains mâles apprennent les chants par cœur et les chantent gaiement pour eux-mêmes.
Les femelles sont souvent plus timides et n'émettent généralement que quelques sifflements isolés. Mais elles n'en sont pas moins attachantes ou intelligentes. Elles n'ont simplement pas les mêmes priorités.

Attention. Si l'une de vos perruches calopsittes cesse brusquement de chanter ou de siffler alors qu'elle le faisait jusqu'à présent avec joie, c'est qu'elle est malade. Il peut s'agir d'une infection banale ou d'une affection touchant la syrinx, qui est l'organe du chant chez les oiseaux. Faites-la examiner par un vétérinaire spécialisé.

Des artistes en herbe

L'éducation physique est elle aussi importante. Vous pouvez profiter des vols quotidiens hors de la cage (voir p. 56) pour leur faire faire quelques exercices qui les stimuleront à la fois intellectuellement et physiquement. Vous y prendrez autant de plaisir que vos oiseaux.

« Pas bouger » et « Viens ». Dès que votre oiseau accepte de monter sur votre main et se laisse déposer en toute confiance, apprenez-lui à rester assis à un endroit précis. Commencez par un exercice très facile : déposez votre oiseau sur un arbre-perchoir et montrez-lui qu'il doit y rester en levant la main à plat. En même temps, dites-lui « Pas bouger » et récompensez-le aussitôt avec une friandise. Dès qu'il est habitué à cette situation, dites-lui « Pas bouger » et reculez d'un pas. Attendez un court instant, puis allez le chercher en lui disant « Viens » et en lui tendant la main pour qu'il s'y pose. Augmentez petit à petit la distance entre vous et lui pour l'obliger à parcourir un trajet de plus en plus long. Évidemment, récompensez-le systématiquement. Augmentez la difficulté de l'exercice en passant dans une autre pièce ; votre petit acrobate devra alors prendre des virages pour vous rejoindre, c'est-à-dire pour obéir à votre ordre.
Là où les choses deviennent particulièrement difficiles, c'est lorsque votre perruche calopsitte doit naviguer sur des distances relativement longues entre vous et une autre personne.

Le renforcement positif : **un bon moyen pour apprendre**

LES CONSEILS DE L'EXPERT
Hildegard Niemann

Les calopsittes réagissent étonnamment bien au renforcement positif – qui signifie que l'on renforce un comportement par une action perçue comme positive par l'oiseau.

RÉCOMPENSE. En règle générale, l'élément renforçant est un compliment ou une friandise. Par conséquent, observez les goûts de chacun de vos oiseaux et cessez de leur donner ce qu'ils préfèrent en même temps que leur nourriture.

ENVIRONNEMENT POSITIF. Faites travailler votre oiseau uniquement lorsque vous êtes détendu. Vous devez pouvoir vous concentrer à 100 % sur votre oiseau !

EXERCICE. Commencez et terminez toujours la séance par un exercice que votre oiseau maîtrise déjà. Arrêtez-vous toujours à un moment où il collabore particulièrement bien pour qu'il associe le travail à quelque chose de positif. Félicitez-le après chaque exercice et donnez-lui une friandise. Mais attention : pesez votre petit volatile régulièrement pour qu'il ne prenne pas trop de poids !

Félicitez-la à chaque fois qu'elle se pose près de vous ou de votre partenaire d'exercice et récompensez-la avec une petite friandise. Évitez les grosses friandises car elle serait occupée trop longtemps à la manger et se déconcentrerait.

Comment lui enseigner quelques tours

Un entraînement régulier vous permettra de stimuler l'intelligence de votre perruche. Cet entraînement n'est pas destiné à faire d'elle une bête de cirque, mais à stimuler ses facultés intellectuelles. Vous renforcerez en même temps le lien affectif qui vous lie *(bonding)*. Les calopsittes se réjouissent de ce surcroît d'attention et adorent travailler pour obtenir leur nourriture.

Le façonnement *(shaping)*. Cette technique est aujourd'hui très utilisée. Elle implique un renforcement différencié pour chacune des étapes qui composent une action. On définit d'abord l'objectif, puis on divise le cheminement vers cet objectif en toutes petites étapes de manière à ce que l'oiseau apprenne tout doucement à se comporter comme on le lui demande. Dites-vous bien que votre perruche, elle, ne sait pas quel est votre objectif ultime ! Elle travaille sans comprendre ce que l'on attend d'elle, et vous devez lui montrer par votre propre comportement qu'elle a bien agi. Le façonnement débute au moment où elle a effectué avec succès le premier petit mouvement en direction de l'objectif défini. Ce mouvement doit être aussitôt récompensé et être retravaillé jusqu'à ce qu'il devienne spontané.

Déroulement des exercices. Entre deux étapes, la calopssite reçoit une friandise, qui sert au renforcement positif. Pour qu'elle comprenne par quel comportement elle pourra gagner une récompense, il est conseillé d'y associer un ordre. Donnez cet ordre au moment même où la perruche fait ce que vous attendez d'elle ; félicitez-la et donnez-lui immédiatement une friandise. Au bout d'un moment, donnez l'ordre juste avant qu'elle agisse conformément à ce que vous attendez d'elle, quand vous voyez qu'elle réagit correctement. Ensuite, récompensez-la uniquement quand elle a vraiment réagi correctement à votre ordre. Si l'une des étapes de l'entraînement pose problème à votre perruche, travaillez-la jusqu'à ce qu'elle devienne une habitude. Ne passez jamais à l'étape suivante avant que la précédente soit parfaitement assimilée.

Important. Lorsque l'on éduque des animaux, on félicite toujours, on ne réprimande jamais. Votre perruche calopsitte n'est pas destinée à devenir un « petit Einstein » ou à s'exhiber devant vos amis. Les exercices doivent rester un plaisir et la distraire agréablement de son quotidien. Y consacrer dix minutes par jour suffit pour la divertir. Si exceptionnellement vous n'avez pas le temps de la faire travailler, ce n'est pas grave. La calopsitte a une excellente mémoire et peut se souvenir des exercices pendant plusieurs semaines.

Comment terminer **correctement un exercice**

Si votre perruche trouve un exercice trop long, elle y mettra fin d'elle-même. Elle va vous éviter et se diriger vers un autre endroit. Par conséquent, la fois suivante, interrompez la séance avant qu'elle n'ait plus envie de continuer. Le travail doit être un plaisir pour elle comme pour vous et ne pas devenir une obligation pénible.

LA RONDELLE. Tendez une rondelle à votre perruche et placez une mangeoire dessous de manière à ce qu'elle tombe dedans quand elle la lâche. Au bout de plusieurs tentatives fructueuses récompensées, éloignez la mangeoire de manière à ce que la rondelle tombe par terre. Là, pas de récompense ! Recommencez trois fois, puis replacez la mangeoire sous l'oiseau jusqu'à ce qu'il ait compris qu'il ne sera récompensé que si la rondelle tombe dans la mangeoire. Félicitez-le pour cela !

LA POIGNÉE DE MAIN. Récompensez votre perruche quand elle lève une patte – d'abord n'importe laquelle puis toujours la même. Posez ensuite délicatement le doigt sur son bas-ventre pour qu'elle vous prenne le doigt. Félicitez-la aussitôt. Donnez-lui un ordre et secouez tout doucement le pied de bas en haut tout en lui donnant une friandise. Dès qu'elle maîtrise l'exercice, donnez-lui l'ordre avant de lui faire faire l'exercice, puis félicitez-la.

L'AIGLE. Dès que votre perruche calopsitte déploie par hasard ses ailes à la façon d'un aigle, dites « Aigle » et récompensez-la. Ayez toujours une friandise sur vous, dans la mesure où ce geste ne se produit que par hasard.

Voler en toute sécurité

Dans son milieu naturel, la perruche calopsitte est une nomade qui adapte ses déplacements à l'offre de nourriture, qui dépend elle-même de la pluie. Les longs trajets ne sont donc pas un problème pour elle. Son agilité et son adresse lui permettent aussi de voler à toute vitesse à travers les feuillages clairsemés. Dans la nature, elle peut atteindre une vitesse de 8 à 14 m par seconde. C'est donc une véritable sportive de haut niveau. Pour permettre à vos perruches calopsittes de bouger suffisamment, il est donc indispensable de les laisser voler en liberté tous les jours. Sachez que même si elles volent « frein à main serré » à travers la maison, elles n'en sont pas moins agiles et sûres d'elles.

Durée du vol en liberté. Elle dépend de l'âge, de l'état de santé et du poids de la perruche calopsitte, ainsi que du temps dont vous disposez pour surveiller vos petits voltigeurs. Les jeunes ont besoin de se dépenser et jouent beaucoup.

Laissez vos perruches calopsittes se défouler et voler en liberté au moins deux fois par jour (idéalement, le matin et le soir).

Ils ont aussi besoin de temps pour s'exercer et perfectionner leurs acrobaties.

La sécurité avant tout. Avant de laisser vos oiseaux voler dans votre maison, prenez quelques précautions :

› informez tous les membres de la famille sur les horaires de promenade de vos perruches et veillez à ce que les portes soient fermées et qu'elles le restent ;

› vérifiez que les fenêtres sont bien fermées ou installez un grillage pour que les perruches ne puissent pas s'enfuir par inadvertance ;

› vérifiez que tout danger potentiel est écarté (voir check-list ci-contre).

Attention aux jeunes casse-cou. Les jeunes ne sont pas encore des pilotes confirmés et il leur arrive de tomber. En général, ils en sont quittes pour une bonne frayeur et sont juste un peu désorientés. Au bout d'un moment, ils finissent par retrouver leurs repères dans l'espace. Si ce n'est pas le cas, conduisez-les immédiatement chez le vétérinaire. Les oiseaux « de seconde main » qui ont connu de mauvaises conditions de vie ont souvent une musculature insuffisamment développée et manœuvrent difficilement. Ils parcourent seulement de courtes distances, généralement en ligne droite. Laissez-leur un peu de temps ; avec de l'entraînement et de la patience, ils deviendront vite des experts.

Ne les forcez pas. Les perruches calopsittes adultes ont en général leurs habitudes et effectuent quelques vols rapides à heures fixes. Elles passent ensuite à autre chose. En période de mue, leur vol est moins assuré. Quant aux obèses, elles ont bien sûr la flemme de voler. Il faut les habituer à bouger davantage après avoir toutefois demandé conseil à un professionnel.

Les dangers à l'intérieur de la maison

FUITE. Une perruche qui s'enfuit par une porte ou une fenêtre ouverte ou entrouverte perd le sens de l'orientation.

BLESSURES. Fractures osseuses lors d'un choc contre une vitre ou d'une chute ; morsures et griffures par les autres animaux domestiques ; griffes coincées dans un tapis ou un rideau, avec risque d'arrachage ; piqûre sur les aiguilles de cactus.

NOYADE. Elle peut survenir dans n'importe quel récipient ouvert (vase, verre ou toilettes).

ÉTOUFFEMENT. Par inhalation de vapeurs toxiques émanant d'une poêle ou d'une casserole enduites de Teflon que l'on a fait chauffer, de bougies parfumées ou de vaporisateurs.

INTOXICATION. Par des métaux lourds comme le zinc et le plomb contenus dans les bijoux, le fil de fer, le plastique souple, les jouets non adaptés, les brosses à dents ; par grignotage de plantes toxiques, de fleurs en plastique, de bougies.

BRÛLURES. Sur ou un chauffe-plats.

ÉLECTROCUTION. Une perruche qui ronge un câble électrique s'expose à ce risque.

Les moments difficiles

Dans la nature, la perruche calopsitte est une nomade. Elle est donc capable de s'adapter à de nombreuses situations. Mais certaines sont pour elle difficiles à surmonter, au moins au début.

Vacances. Beaucoup de maîtres se font du souci parce que leurs perruches souffrent d'être séparées pendant les vacances de la personne qui s'occupe habituellement d'elles. Dans leur environnement habituel, cela ne leur pose cependant aucun problème d'être soignées par une autre personne si elle s'occupe bien d'elles, même sur une longue période, à condition qu'on les laisse voler en liberté autant que d'habitude et qu'elles ne souffrent pas du manque de contacts sociaux. Si vous les faites garder par des amis ou de la famille, n'oubliez pas de leur donner aussi leurs jouets préférés et quelques friandises pour les premiers jours. Vous leur donnerez évidemment les coordonnées de votre vétérinaire et d'un interlocuteur à qui s'adresser en cas de problème.

Déménagement. Les perruches calopsittes s'accommodent très bien d'un emménagement dans une nouvelle maison. Faites-les garder quelques jours et allez les rechercher une fois que vous aurez fini de percer des trous ou planter des clous. Les perroquets sont parfois très sensibles aux vibrations inévitables quand on emménage quelque part. Avant de les laisser voler en liberté, laissez-leur une journée pour s'acclimater dans leur cage à leur nouvel environnement. Ils pourront ensuite explorer leur nouvelle maison à leur guise.

La fugue

Malgré toutes les précautions que l'on peut prendre, il peut arriver qu'une perruche calopsitte fasse une fugue. Une fois dehors, elle est incapable de retrouver le chemin de sa maison.

Les perruches calopsittes captives font preuve de souplesse et d'adaptabilité – des qualités qui permettent à leurs sœurs sauvages de survivre dans leur habitat d'origine.

La perruche calopsitte est une grande curieuse. Celle-ci explore avec insouciance son nouvel environnement.

Un petit problème **peut devenir un gros souci**

MANQUE DE STIMULATION. Dans la mesure où l'on sait depuis peu de temps seulement que les calopsittes appartiennent à la famille des cacatoès, qui sont des oiseaux très intelligents, beaucoup de maîtres ne les stimulent pas assez. Leur air adorable fait un peu oublier leur esprit vif. Quand elles s'ennuient, elles peuvent néanmoins souffrir de troubles du comportement.

CONDITIONS DE VIE PROBLÉMATIQUES. L'excès de poids et les carences alimentaires rendent les oiseaux fainéants. Les problèmes qui en résultent ne sont pas toujours faciles à résoudre. N'attendez pas pour vous adresser à un professionnel si vous pensez que vos calopsittes ne sont pas heureuses et épanouies.

Comme elle vole très vite, elle peut parcourir plusieurs kilomètres complètement paniquée avant de se poser épuisée en hauteur. Renseignez-vous auprès des services météorologiques pour connaître la direction du vent. Dans la mesure où les perruches calopsittes suivent le plus souvent le sens du vent, cela limite déjà le champ de recherche. Signalez sa disparition aux refuges pour animaux et placardez des petites affiches avec une photo de la perruche et vos coordonnées. Les perroquets fugueurs perdent vite leurs forces ; ils se rapprochent alors des humains pour trouver à manger.

La mort

Malgré leur espérance de vie relativement élevée, certaines perruches calopsittes meurent prématurément de maladie ou d'accident.
Pour celle qui reste, l'absence de sa compagne disparue est ressentie douloureusement et elle passe souvent ses journées à l'appeler. Il convient donc de lui trouver un nouveau partenaire le plus vite possible. La mort d'un compagnon à plumes est également douloureuse pour la famille dans la mesure où il avait tissé des liens avec chacun de ses membres. Laissez à chacun (en particulier les enfants) le temps de faire son deuil du disparu. Impliquez vos enfants dans le choix d'une nouvelle perruche calopsitte.
Le chagrin ne doit pas vous empêcher de rechercher les causes de la mort de votre oiseau. S'il est mort d'une maladie contagieuse, sa compagne doit être traitée. Si elle n'a pas déclaré de maladie au bout de 4 à 6 semaines, présentez-lui votre nouvelle recrue. Profitez de cette période pour mettre cette dernière en quarantaine et tisser des liens avec elle (voir p. 24).

INDEX

Les numéros de page en **gras** renvoient aux illustrations.

Remerciements

L'éditeur et l'auteur remercient Karl-Heinz Lambert pour les prises de vue dans la nature, le Dr Carlo Manderscheid pour les illustrations accompagnant la description des maladies et Jessica Kunzendorf pour la photo de perruche calopsitte âgée. Nous remercions également Wagner's Papageien-Paradies, Parrots-Parcel et Avifood de leur aide pour la production photo.

Avertissement

› Maladies. Si votre perruche présente des signes de maladie, adressez-vous à un vétérinaire.

› Risque de transmission. Seules quelques maladies sont transmissibles à l'homme. Signalez à votre médecin tout contact avec un animal, notamment si vous présentez des symptômes pseudo-grippaux.

› Allergie et asthme. Certains humains sont allergiques aux plumes et à la poussière de plumes. Si vous avez un doute, parlez-en à votre médecin avant d'acheter une perruche.

Adresses

› **École nationale vétérinaire**
7, av. du Général-de-Gaulle
94700 Maisons-Alfort
Tél. 01 43 96 71 00
Site Internet : www.vet-alfort.fr

› **Société protectrice des animaux**
39, bd Berthier
75017 Paris
Tél. 01 46 33 94 37
Site Internet : www.spa.asso.fr

› **Dispensaire de la SPA**
8, rue Maître-Albert
75005 Paris
Tél. 01 43 80 40 66

› **Fondation Assistance aux animaux**
24, rue Berlioz
75116 Paris
Tél. 01 40 67 10 04
Dispensaire vétérinaire
23, av. de la République
75011 Paris
Tél. 01 40 21 96 14

› **Ligue de protection des oiseaux**
Fonderies royales
8 rue du Docteur-Pujos
BP 90263
17305 Rochefort Cedex
Tél. 05 46 82 12 34

Sites Internet

› www.perroquet.biz
› callopsitte.free.fr
› www.clubcde.com
› www.psittacides.com

Associations

› **Association européenne du perroquet**
81, rue de la Fuye
37000 Tours

› **Association de sauvegarde et d'accueil des perroquets**
2, chemin des Samsons
78125 Raizeux

› **Association Au manège enchanté des perroquets**
Lot. Sainte-Brigitte
89, rue Deïs-Brusc
83600 Fréjus

SOS : que faire ?

Rétention d'œufs

PROBLÈME : la femelle est assise sur le sol, épuisée ; elle frotte sa queue par terre. Elle souffre de rétention d'œufs ; en d'autres termes, elle n'arrive pas à expulser un œuf.
CONSEIL : rendez-vous immédiatement chez un vétérinaire : la rétention d'œufs peut être mortelle ! Installez votre perruche au chaud dans l'obscurité, ne la touchez pas.

Ingestion d'un corps étranger

PROBLÈME : en rongeant un objet, votre perruche calopsitte en a avalé un petit morceau.
CONSEIL : rendez-vous immédiatement chez un vétérinaire si le morceau est encore dans le jabot. S'il a atteint l'estomac, il faut le laisser parcourir le système digestif.

Refus de retourner dans la cage

PROBLÈME : votre perruche refuse de retourner dans sa cage après avoir volé en liberté.
CONSEIL : ne proposez pas de graines à vos oiseaux pendant leur promenade en liberté. Revoyez l'aménagement de la cage et jouez souvent avec eux près de la porte ouverte. Si vous n'arrivez pas à résoudre le problème, faites appel à un professionnel.

Prisonnière

PROBLÈME : votre perruche calopsitte s'est coincé les griffes, le bec ou la tête dans l'un de ses jouets.
CONSEIL : enveloppez-la d'une main dans un torchon propre. De l'autre main, dégagez rapidement mais délicatement la partie du corps qui est coincée. Attention : votre perruche va essayer de vous mordre et de se libérer de votre main car elle est très stressée. Ne lui parlez pas pour qu'elle n'associe pas l'angoisse de ce moment avec votre voix. Observez-la ensuite attentivement pour voir si elle se sert de la partie du corps qui était restée emprisonnée. En cas de doute, consultez un vétérinaire.

Excès de poids

PROBLÈME : votre perruche calopsitte ne mange que les graines.
CONSEIL : donnez-lui les graines en deux fois, le matin et le soir. Entre ces deux repas, proposez-lui des légumes et de la verdure. Ne lui donnez pas plus que ce qu'elle mange effectivement. Et pesez-la impérativement toutes les semaines.

Édition originale
Publiée en Allemagne sous le titre Nymphensittiche
GRÄFE UND UNZER Verlag
Postfach 86 03 13
81630 München

GU

Édition française

Pour l'éditeur, le principe est d'utilis
composés de fibres naturelles, reno
recyclables et fabriquées à partir d
de forêts qui adoptent un système
durable.
En outre, l'éditeur attend de ses f
de papier qu'ils s'inscrivent dans
de certification environnemental

Retrouvez toutes nos parutions
www.hachette-pratique.com

Direction : Jean-François Moruz
Direction éditoriale : Pierre-Jea
Édition : Véronique Camp
Traduction : Anne-Marie Marti
Correction : Gisèle Casini
Réalisation intérieure et couv
Conception couverture : Sala
Fabrication : Amélie Latsch
Dépôt légal : mars 2010
ISBN : 978-2-01-62-1175-5
62-65-1175-01-9
Imprimé en Slovaquie par Polygraf print

aille
nme
ste
À ce titre,
mment
e perruches
un domaine
portement,
imentation.
WP-Magazin
e traitant
rnement)
èrement
le sujet.

phe
t spécialisé
d'animaux et de
duit avec sa compagne
des images pour
presse et la publicité.
oir plus sur son studio
w.tierfotograf.com.

hotographiques
otos de cet ouvrage sont
à l'exception des suivantes :
Kunzendorf) ; p. 6, 7 (Karl-Heinz
p. 38 (Dr Carlo Manderscheid) ;
14, 22, 43 (Franz Pfeffer).